Agricultural Politics and Farmers in Postwar Japan
Organization, Mobilization, and Loyalty

戦後日本農政と農業者

組織・動員・忠誠

川口航史 [著]

吉田書店

戦後日本農政と農業者

組織・動員・忠誠

【目次】

序　論　戦後日本における農業保護と農業者組織 ……………………… 1
　　第1節　戦争と制度の継承　1
　　第2節　議論の概要　10
　　　　　　利益団体とその党派性／利益団体とその構成員
　　第3節　本書の研究手法　20
　　第4節　本書の構成　22

第1章　戦前・戦時・戦後日本の農業者組織の概観
　　　　　──戦時動員とその継承 ………………………………………… 27
　　第1節　戦前の農業者組織──農会と産業組合の並立　27
　　第2節　農業経済更生運動と農業会の成立　37
　　第3節　戦後の農業者組織とその維持　51
　　第4節　小括　58

第2章　戦時組織の戦後への継承 ………………………………………… 61
　　第1節　政府からの独立性と利益団体の政治力──海外との比較　61
　　第2節　終戦直後のGHQの認識　66
　　第3節　GHQと農林官僚の折衝──農業協同組合法の起草・成立　69
　　第4節　農業復興会議の成立──全国農業会と日本農民組合の協調　78
　　第5節　農業協同組合の運営　90
　　第6節　小括　91

第3章　新農業組織設立の試みと失敗
　　　　　──野党・農民組合と農協グループとの関係性 ……………… 93
　　第1節　第一次農業団体再編成問題──1950年代初頭　94
　　第2節　第二次農業団体再編成問題──1950年代半ば　106
　　第3節　農業基本法と農業団体のあり方　117
　　　　　　農業基本法の成立まで／各アクターの農業基本法に対する対応
　　第4節　小括　139

第4章　米の統制・米価制度と農協グループ …………………………… 141
　　第1節　日本の米価政策──二重の価格システム　142
　　第2節　戦後食糧危機と米価審議会　144
　　第3節　朝鮮戦争と米市場の統制　148
　　第4節　予約売渡制の導入──農協グループのイニシアティブ　152
　　第5節　河野構想と米価交渉における農協グループ　168

第6節　小括　172

第5章　『家の光』と農協グループ——家族ぐるみの組織化 ……………175
第1節　組合員の評価と参加　175
第2節　『家の光』の概要　180
第3節　『家の光』の創刊から終戦直後まで　182
第4節　編集戦略（1）——女性教育と家庭内での自立　186
第5節　編集戦略（2）——地域版・生活版の発行　188
第6節　小括　191

結　論　農協グループの成立と発展から見えるもの ………………193
第1節　得られた知見——制度の継承と維持　193
第2節　理論的貢献と含意——組織の起源・超党派性・農業者意識の形成　195

参考文献　203

あとがき　211

事項索引　215

人名索引　219

＊本書内での史料の引用において、〔　〕は引用者が補った文言である。また、引用文中の漢数字、歴史的仮名遣いについては、読みやすさを考慮して算用数字、現代仮名遣いに適宜改めた箇所がある。
＊本書掲載の URL については、2024 年 6 月 30 日に最終確認をしている。

序　論

戦後日本における農業保護と農業者組織

第1節　戦争と制度の継承

　戦争が国家の形成や国家機構の発展に与える影響は、Moore が「戦争は国家建設にとって大きな刺激であった」（Moore 1968：123）と述べ、Tilly が「戦争が国家をつくり、そして国家が戦争をつくった」（Tilly 1975：42）と述べたように多くの研究者が指摘し、その理論を発展させてきた。この分野の先駆的な研究者である Tilly（1985, 1992）は、19世紀半ば以降の近代国家における、戦争遂行、収奪、国家形成、保護の間の相互依存的関係性を指摘した。これを受けて、戦争が国家形成を促進する条件やレジーム形成に与える影響も分析されてきた。主要な論者の一人である Downing によれば、戦争が国家建設に与える影響は一様ではなく、初期段階で似たような国家であっても、戦争を経ての発展の経路には差異があり、戦争そのものよりも、戦争の激しさと国内の資源動員の程度によって、国家形成の結果が影響される（Downing 2002）。また Ertman は、戦争が国家形成を促すという前提を共有した上で、その態様を（1）国家形成初期における地方政府組織が行政的なものか家産的なものか、（2）戦争のような持続的な地政学的競争の始期が1450年以前であったかどうか、（3）強力な全国的代表制度が存在していたか、という3要因によって説明する。これらの要因によって、ラテン・ヨーロッパに見られた家産制絶対主義、イギリスに見られた官僚制立憲主義、ドイツ諸邦に見られた官僚制絶対主義、そしてポーランドやハンガリーに見られた家産制立憲主義、と異なる形態をもつ国家が形成されるとした（Ertman

1

1997）。

　以上はヨーロッパにおける国家形成をめぐる議論であるが、強い国家の建設が進まなかったアフリカ諸国についての説明として、Herbst は、近代ヨーロッパにおいて戦争が国家建設を促進したのは、税制とナショナリズムという 2 つの要因があったと指摘する。戦争の発生によって新たな税を集めることができ、非常時ということで大衆からの容認も得られる。さらに戦時にはナショナリズムも高揚する。これに比してアフリカにおいては、国家が脆弱であって税制は関税に大きく依存しており、また国内における脅威が国家を傷つけるため、ナショナリズムも高揚し難い（Herbst 1990）。このように、戦争が国家形成やその確立に与える影響を分析する研究は、Tilly の研究を嚆矢として、精密化や研究の蓄積がされてきた[1]。

　それでは日本にとって直近の戦争である、第二次世界大戦が戦後国家形成に与えた影響はいかなるものであったか。いくつかの主要な分野では、戦時中に形成された制度が、戦後にも継承されて戦後日本政治へと重要な影響を及ぼしたという指摘が存在する。山岸敬和は、戦後における日米の健康保険政策の違いを、両国における第二次世界大戦における経験の差から説明した（Yamagishi 2011）[2]。1941 年以前から中国大陸で戦争状態にあった日本では、戦時動員の程度も大きかったため、戦争遂行のためにより大きな改革を必要とした。兵士としても銃後の支えとしても健康な国民を必要としており、充実した健康保険制度が望まれていたのである。占領期には連合国軍最高司令官総司令部（GHQ）内で意見対立があったものの、最高司令官のダグラス・マッカーサーによるサポートもあり、戦時に形成された健康保険制度が解体されることはなかった。その結果、アメリカの健康保険制度が民間保険をベースとしたものとなったのに対し、日本では既存の健康保険制度を基にやが

---

1 ）また国家だけではなく、市民社会に与える影響を指摘する研究もある。戦争によって国家という概念が共有されるようになるため、全国規模の市民団体が設立される割合が南北戦争の後に高まったことが、アメリカにおける市民団体の分析から示唆されている（Skocpol, Ganz, and Munson 2000：532）。

2 ）このトピックに関する日本国内の研究として、戦後日本の福祉国家の源流を戦時体制に見る鍾（1998）や、それとは異なる戦時「社会国家」としての側面に着目する高岡（2011）がある。

2

て国民皆保険制度が誕生することとなった。

　また鹿毛利枝子は、戦後日本社会における市民参加の隆盛の原因を分析した（Kage 2011）。鹿毛は日本を念頭に、戦争の過程自体を市民参加の触媒としてとらえる。すなわちどの程度団体が組織されていたかという戦前期の遺産と、戦時中の動員という２段階の過程を経て、戦後の市民による団体参加のあり方が規定される。日本では、戦前期の団体参加によって参加コストが抑制されていたところに、戦時動員を通じて市民的スキル（Civic Skill）を獲得したことにより、戦後に経路依存的に市民参加が増えた、とされる。

　以上は近年に発表された英語圏における研究群であるが、日本国内においても、戦前戦後の連続性を指摘する研究は以前から見られる。代表例が、辻清明による日本官僚制研究である。彼によれば、近代官吏制度の発展過程は３つの段階に分けられる。第一の発展段階は「絶対制の強力な支柱としての官僚制」であり、「専制君主を頂点とする中央集権的な階統制」を持つ官僚制であった。この時代には、「後見性原理」（＝「君主が人民の福祉の最高の理解者であるという啓蒙思想に依拠して一切の統治権をかれの手に独占し、その権力の具体的遂行である警察＝行政の担当者は、その目的を達成するために全能であるという福祉主義の主張」）に基づき絶対君主の拡充された特権的支配が合理化され、さらに「超越的な階層の圏内に参加しうるための資格要件が厳重に規定されているとともに、官吏に対する苛烈な服務規律」が存在していた。これに対して、第二段階では、「官僚の地位から嘗ての強力な集権的性格と特権的な身分保障を剥奪し、進んで新興階級の標榜する『人民意思』が公務員の任免を自由に左右することのできるような浮動的地位に顛落せしめた点」に特徴があり、「人民意思を代表する政党ないし議会から超越した固定的な官吏層の継承および形成を極端に排撃するとともに、さらに人民の要求した権力担当者の交替にともなって、現存官吏に対する大量の更迭を敢行するような新しい官吏制度観を生むに至った」とされ、例として猟官制を採用したジャクソニアン・デモクラシー期のアメリカ合衆国が挙げられる。しかし、政党の汚職や金権政治が批判され、さらに議会による利益表出機能に限界が見

えるにあたって、官吏制度は第三段階に発展する。これがイギリス、アメリカなどの現代の「行政国家」における官僚制であり、公務員の地位の政治的中立と身分保障と、科学的人事行政の採用によって特徴づけられる。しかし、日本の場合、明治以来終戦まで第一段階に対応する「家産的官僚制」の特徴を持っており、第二段階の公務員制を実現しようとしながら第三段階の官僚制の必要性も認めざるを得ず、官僚制の民主化には困難を抱えている。辻は、以上の状況分析を踏まえて戦後の官僚制改革の意義と限界を指摘し、残存する家産的官僚制の性格を改革し、制度と意識の両面から官僚制の特権的地位を改革することが戦後日本において必要であると論じた（辻 1969：3-58, 187-205）。辻の議論は、のちに村松岐夫によって戦前戦後連続論として位置づけられた。村松は辻の議論を、「日本官僚制の問題を、議会主義の確立したことのない所における行政官僚制の後進性から生じるもの」として考えており、日本政治を「遅れている」と論じた、ととらえる。その上で、辻は絶対主義、近代市民社会、現代の三段階のうち、「日本は第二段階の市民社会を経ることなしに第三段階に入ったため、絶対主義的残滓としての官僚制によって、現代の行政国家に立向かうという困難を待たねばならなかった、と論じた」とした（村松 1981：10-13）[3]。

　国家機構のみならず、経済体制においても戦前からの連続性を指摘する研究がある。野口悠紀雄は、日本経済の高度成長期における成功とその後の失敗を分析する文脈において、1940 年前後に形成された経済体制である「1940年体制」によって、戦後日本経済の基本的仕組みが形づくられたと主張する。1940 年体制を形成するシステムとして、年功序列型賃金や終身雇用制などの日本型企業構造、間接金融を主とした金融システム、官僚による民間への介入、給与所得課税に依存し地方財政が国のコントロール下にある財政制度、自作農創設などの農地や借地などの土地制度が挙げられる（野口 2010：7-12）。これらの戦時期に作られた経済体制は、戦後にも継承され、高度成長を支えたとされる。その理由としては、占領軍が直接統治ではなく間接統治を行っ

3）ただし、村松自身は同書において戦前と戦後の差異を強調し、辻らの通説的な官僚優位論に対して、政党優位論を唱えている。

たことや、経済問題に関して占領軍の改革方針が明確ではなかったこと、さらに占領軍の官僚制度に対する知識が不十分で、GHQ内部の不協和音もあったことなどが考えられる。また、経済問題に対するGHQの無理解から、金融制度も生き残ったとも言う（野口2010：78-88）。野口は、戦前戦後の連続性に関して、主にGHQの側の要因を指摘するものと解せられよう。

　経済政策に関する戦前戦後の連続性を示唆するものとしては、佐々田博教の研究がある。佐々田（2018）は、戦後日本農政の保護主義的傾向は、農業分野における政官業の緊密な関係性である「鉄の三角同盟」[4]によるという通説に対して、「日本における中小農向けの保護主義的農業政策の源流は1900年に制定された産業組合法であったが、その導入の原因となったのは鉄の三角同盟ではなかった」とし、むしろ戦前期に採用された小農保護的な農業政策が、戦後に鉄の三角同盟が形成されやすくなる素地を整えたと主張する（佐々田2018：258-259）。そして、当時の保護的な農業政策を導いたのが、農林官僚たちのアイディアであった。佐々田によれば、戦前の農業政策は合理的な利害関係を基にしたアプローチでは説明ができず、それよりも当時の農林官僚たちの、資本主義を修正して農業者の保護を図るという政策理念によって、小農保護的な政策の選択がなされたと考える方が、説明が容易であるとされる。このように佐々田は、アクターの政策アイディアに焦点を当てて分析を行う構成主義制度論を日本農政に適用し、保護主義的な農業政策の起源が、先行研究とは異なり戦前期にあることを主張した。佐々田自身、「本書の主張は、『戦前戦後連続論』の立場に近い」としている（佐々田2018：284-285）[5]。

　このように指摘される戦前戦後の連続性であるが、日本が経験した戦後の大幅な体制転換を考慮すると、なぜ起きたのかという点については未だ解明

4）「農政トライアングル」などの呼称も見られる。この成立過程については佐々田（2025）を参照のこと。

5）ただし、「戦前と戦後の農政には連続した部分と変容した部分の両方があり、あえてどちらかを強調する必要はないと考えている」（佐々田2018：285）とも述べており、戦前戦後が連続か断絶かは二項対立でとらえるべきではないとの主張を明確にしている。また、経済史の分野においても、戦前と戦後、あるいは戦時と戦後の連続・断絶について、多岐にわたる分析がなされ精緻化していったとの指摘がある（平山2014）。

されていない部分が大きい。そもそも、戦時制度の戦後への継承は自明のものではなかった。敗戦国であった日本においては、多くの分野で抜本的な制度の変更があり、GHQ の占領下におかれた日本においては、多くの制度が変革を迫られた。周知のとおり、新しい憲法が制定され、教育をはじめ民主化が行われ、そして農地改革によって多くの自作農が創出された。戦前や戦時に作られた制度が生き残る余地はないようにも思われる。山岸が研究対象とした公的な健康保険制度は、戦時遺産であるとはいえアメリカでもある程度の整備はされていたのであり、マッカーサーの支持を考慮すると比較的合意争点となりやすい事例である。鹿毛が研究対象とした市民社会の隆盛をもたらしたものは市民間に醸成されたスキルであり、政治体制の変化の影響を受けにくいものである。辻の議論に見られるような歴史的文脈の影響はもちろん大きいが、分野による連続と断絶の程度の差異を説明しない。野口は主に GHQ 側の準備不足（と官僚組織の狡猾さ）を指摘するが、詳細な分析がされているわけではなく、また GHQ 側の瑕疵と官僚機構の周到さを大きく評価する傾向がある。戦前期の農業政策に関しては、佐々田自身も著作の中で「本書の事例研究は、明治から戦時期にかけての日本農政の展開が、戦後農政の制度的基盤となったことを強く示唆しているが、実際に終戦から占領期を経て戦後農政が形成された過程については、本書の理論枠組みを応用しながら詳細に検証して明らかにする必要がある」（佐々田 2018：291-292）と述べているように、戦前・戦時期の農政に関する体制がそのまま継承されたわけではなく、その過程はさらなる分析の余地を残している。

　このように考えると、客観的には戦時組織の戦後への継承は難しい状況において、なぜ改革の対象となると考えられる戦時組織が、戦後へと継承されることになったのかという問いは、未だ探究する価値があると言えよう。本書では、この問いに答えるため、戦後日本における有力な農業者団体である、農業協同組合（農協）グループを事例として取り上げる[6]。農協グループは、

　6）先行研究では、全国―都道府県―市町村レベルや機能別の農協全てを含む総体としての農協を表す言葉として、「農協系統」という表現が使われる。しかし現代においては、系統という表現は、農協に詳しくない読者にとってはなじみがなく何を指すのかがわかりにくいため、本書では、英語で「JA Group」と表記されることがあることも踏ま

6

戦後日本における有力な農業者団体として、多くの農業者を組織してきた利益団体である。農協グループは 1947 年の農業協同組合法の成立により設立されたが、その源流は、戦時中に政府によって形成された統一的な農業者組織・農業会にある。農業会は終戦直後に解体・清算され、法律上は農協グループとは別団体となっているが、人的資源や組織制度に関して、農協グループは多くを農業会に負っている。農業会の組織を規定した農業団体法（1943年 9 月 11 日施行）においては、第 18 条で全員加盟主義をとっており、この遺産が戦後の農協グループの高い組織率に継承された（石田 1974：157）。

　しかし GHQ が日本の政体や社会を民主的なものに変えようとしたことを考えれば、日本の農業者組織の事例は、戦争遂行という目的をもって設立された、階層的構造を持つ戦時制度が戦後の民主主義に継承された、起こりにくい事例ということができる。本書では、農業協同組合法の成立した 1947年を含む、終戦直後の農協グループの成立と、その組織制度の定着を分析することで、戦時制度の継承が困難な条件下でいかにして継承されたのかを分析し、その理由を明らかにする。

　この分析により、戦時動員は農業者が団結するために決定的に重要であったことが明らかになる。利益団体研究によれば、共通の利益の存在を人々が認識していたとしても、コストを払わずに利益を享受しようとするフリーライダーが発生するため、利益団体を形成することは難しいとされる。潜在的利害関係者が多数いる場合、団体の形成はさらに難しくなる。こうした困難を乗り越え、団体を形成するためには強制と選択的誘因という 2 つの手段がとられる。団体への加入を強制するか、団体加入者のみにインセンティブを与えることにより、人々は団体に加入するようになり、利益団体が形成される（Olson 1965；Olson 1982：第 2 章）。農業団体の例をとれば、経済発展の早い段階では、産業が高度化を迎える前であるゆえに多くの農業者がおり、選択的誘因も小さく、組織を形成するのは困難である。しかし結論を先取り

え、「農協グループ」という表現を採用することとした。単に「農協」と表現しないのは、市町村レベルの単位農協である「○○農協」との区別がつきにくいためである。ただし、農会や産業組合に関しては、現存しない団体であることを考慮し、用語の正確性を重視して「農会系統」「系統農会」「産業組合系統」などと表記する場合もある。

すれば、日本では戦時動員すなわち強制という形で包括的な農業者組織が、しかも整備された組織制度を伴って誕生した。それが戦後にも継承されることにより、農業者の強い組織力と政治的影響力に肯定的な影響を及ぼしたのである。本書では第1章でこれを確認する。

　ただし、戦時動員のみに原因を求めることには、慎重になる必要がある。ある時点において形成された制度が、その後も維持され政治過程に大きな影響を与える事象を、政治学では歴史的制度論における「経路依存」の例として研究してきた。「もし経路依存が何かを意味するのだとしたら、それは国家や地域がある軌跡を進み始めた後にその軌跡を切り替えるコストが非常に高くなるということである。選択を行える時点はほかにあっても、ある一定の制度配置が確立すれば、当初の選択を簡単に切り替えることは妨げられる」（Levi 1997：28）とした Levi の経路依存に関する議論に依拠しながら、Pierson は経路依存を「正のフィードバック（事象の配列の違いによって多様な帰結を生じさせる）にともなう動態的過程に相当する」と議論する（Pierson 2004：20）[7]。こうした正のフィードバックは、公式な制度にとどまらず、公共政策においても議論されてきた（Moe 2005；Pierson 1993；Pierson and Skocpol 2002）。Pierson が指摘するように、経路依存と正のフィードバックの議論は、合理的選択論などの他のアプローチに対して、時間のスパンを長くとることができるという長所がある（Pierson 2004）。

　これに対して、初期の偶発性を重視しすぎており決定論に陥る可能性があるという批判も見られるが（たとえば Katznelson 2003：292）、Pierson は「ある特定の関係が正のフィードバックを通じて制度化され、時間が経過してもその当初の定着形態が継続していく事例もあるし、当初は定着していても結局は持続しない事例もある。（中略）このように、経路依存過程の研究では、重大局面からかなり離れた『下流』の展開に注目することは全く可能なのである。そのような研究は、自己強化過程の最終的崩壊に主に関心を寄せる場合もあれば、特定の事例である定着パターンが生じそこなったことの長期的含意を浮き彫りにしようとする場合もある」として、決定的分岐点によりあ

　7）訳はピアソン（2010：25-26）を参照した。

序　論　戦後日本における農業保護と農業者組織

る程度まで可能性が狭められるものの、その後の展開は必ずしも決定されているものではなく、むしろそれに焦点を当てて分析をする研究も可能であると説く（Pierson 2004：70）[8]。Thelen も、決定的分岐点に重きを置く研究と政策のフィードバックに着目する研究はそれぞれの強みと弱みがあり、互いの長所を生かした研究が可能であると説く（Thelen 1999）。実際、長期間を対象として、国家と社会の相互作用のメカニズムを分析する研究も多く見られる（Ang 2016 など）。こうした研究潮流に従い、本書は戦時中の制度形成から、終戦後およそ 15 年というやや長めのタイムスパンで農協グループの組織維持過程に注目することで、戦時中に形成された制度の戦後における維持のメカニズムを解明する。

　さらに本書は、同じ制度が異なる政治システムの下でどのように機能するかを明らかにする。戦時中に設立された抑圧的な組織は、戦後においては、日本の農業者が自分たちの経済的利益や政治的主張を実現させるための有益なツールとなった。本研究は、制度の継続性と、政治過程におけるその役割の変遷を分析する。日本の農業者団体制度における決定的分岐点が戦時中にあったとしても、その制度は、終戦、占領改革、そして独立回復という歴史の荒波にもまれた。この過程を経て、農協グループは類似の制度であるにもかかわらず、戦中とは異なる政治的機能を果たすことになった。

　制度が設計者の思惑を超えて予期せぬ結果をもたらす事象は、歴史的制度論でも近年注目されているトピックである。とりわけ、同一の制度が意図的に異なる目的をもって利用される事象は制度の転用（conversion）と呼ばれる。歴史的制度論の代表的な研究者である Hacker と Pierson と Thelen によれば、制度の転用は、「権威ある再方向づけ、再解釈、または再流用を通じた、既存の制度または政策の変換」を意味するとされ、制度の形式は変わらないものの、その制度の与える影響に変化がある。また、制度の転用は、「（1）制度やルールが十分に柔軟で複数の目的をもたらすことができ、（2）それらの目的が政治的に議論され、（3）政治的アクターが制度やルールを新

8）訳はピアソン（2010：91）を参照した。ただし、引用文中の「重大局面」は critical juncture の訳語であり、本書の他の部分では「決定的分岐点」という訳を採用する。

9

しい機能に従事させ、かつ（4）公式のルールはそのままにしておく」ことができるときに起きるとされる（Hacker, Pierson, and Thelen 2015：185）。本書では、主に第4章と第5章において、戦争遂行のために作られた制度が戦後は農業者の利益を生むような制度として利用されるようになった過程を分析することを通じて、上からつくられた制度が下からの変革によって異なる帰結をもたらすメカニズムを明らかにする。また、制度転用を分析することは「現代の研究の多くで周縁化されている、利益団体が制度やルールの変化に果たす役割をより深く理解すること」ができるという利点があるとされる（Hacker, Pierson, and Thelen 2015：198）。この意味でも、農協グループという利益団体を取り扱う本書は現在の研究潮流に貢献できるであろう。また、日本の労働組合が組織率を低下させたことにも見られるとおり、戦前戦中に起源をもつ組織であっても、今やおよそ80年を迎えた長い戦後において組織を維持することにはしばしば困難を伴う。本研究は戦前戦後を通じて分析を行うことで、戦時中に国家統制のために作られた制度が、戦後には農業者の利益表出のためのツールとして使われるという、ドラスティックな制度転用がなぜ可能になったのか、そのメカニズムを明らかにする。

第2節　議論の概要

　第1節では、本書における問いとその意義を明らかにした。本節では問いに対する解答について理論的な枠組みを説明する。本書は、農業会から農協グループへという戦時組織の戦後への継承を、2つの段階に分けて考察する。第一に、戦前の組織制度が継承された過程について分析を行う。第二に、継承された制度が維持された過程について検討する。本節では、この2点にかかわる理論的枠組みを述べる。

利益団体とその党派性
　本書が注目するのは、戦前から戦後への農業者組織の継承において、農業者組織の持つ超党派性が重要な役割を果たしたことである。

日本政治において、利益団体と政党、特に政権党との近接性がこれまで指摘されてきた。農業保護政策の形成を分析した Sheingate（2001）によれば、日本の農業者は強固な組織力をもっており、アメリカと比較した場合には、この組織力がカギとなって、戦後日本の農業政策は保護的な立場をとることになった。Davis（2003）も同様に、農業貿易交渉において、日本の農業者組織が果たした大きな役割を指摘している。日本の政治経済体制は「労働なきコーポラティズム」と言われ、労働者を政治過程から疎外されたアクターとみなす一方で、農業セクターは典型的なコーポラティズムととらえてきた。農業官僚と農業者は協力し、輸入作物から国内農業を保護するという、共通の目標を達成しようとしたとされる（Pempel and Tsunekawa 1979）。また、自由民主党（自民党）は 20 世紀後半の大部分で政権の座にあり続けた政党であるが、農業者は自民党と持ちつ持たれつの関係性を保持し、「鉄とコメの同盟」と表現されるように、高度成長で得た予算的な余裕を、斜陽産業である農業への保護政策として利用することで選挙での勝利と政権維持を確実にしてきたとされる（Rosenbluth and Thies 2010）。どちらが鶏で、どちらが卵かの議論はあるものの、自民党の政治家たちによる農業補助金や輸入農作物に対する高関税などの便宜供与・国内農業保護と、農業者たちによる自民党支持は不即不離の関係にあった（Calder 1988；斉藤 2010）。

そのような近接性を可能にするメカニズムとして、先行研究は戦後日本の選挙システムと政治参加に注目してきた。日本の農業者は、非農業者よりも積極的に選挙に参加することによって自民党政権を支えてきた。こうした積極的参加によって、なぜ日本が分配的な社会政策を採用し、経済成長と民主化の安定化の両立を可能にしてきたかが説明されると主張したのが、蒲島郁夫である。Kabashima（1984）は、経済成長と民主的体制の安定の両立は難しいとした Huntington の議論に対し、日本の農業者の自民党支持を例にして反駁したものである。Huntington（1968）は、経済発展と政治的安定が両立しない理由として、経済発展よりも社会的期待感の増加の方が高く、その結果として蓄積されたフラストレーションは低い社会的移動の機会によっては解消されないため、激しい政治参加を招き、これを未発達の政治的制度は

吸収できずに、政治的不安定がもたらされるというギャップ仮説を提示した。その後 Huntington は自説をさらに発展させ、Nelson との共著において、発展途上国の政治発展の経路として、「経済発展優先のための政治参加の抑制→社会経済的発展→社会経済的不平等の拡大→政治的不安の増大→さらなる政治参加の抑制」の悪循環が生み出され政治参加の爆発（革命）が起こること（テクノクラティック・モデル）、しかしこうしてできた政府は、「持たざる者の政治参加の拡大→社会経済的平等→社会経済的発展の減速→社会的不安の増大→さらなる政治参加の拡大」の悪循環が生み出され、軍事クーデターが引き起こされること（ポピュリスト・モデル）を主張し、かくして成立した軍事政府は、しかしテクノクラティック・モデルの悪循環に再び陥る……、というように、テクノクラティック・モデルとポピュリスト・モデルを行ったり来たりすることで、この悪循環からなかなか抜け出せない、と指摘した（Huntington and Nelson 1976）。こうした悲観的な議論に対して蒲島は、戦後日本の事例はこのモデルに当てはまらないと指摘したのである。日本の場合は、「持たざる者＝農業者」が比較的多く政治に参加していることに特徴があり、これにより政治参加と所得の相関関係がほとんどなくなる。そして農業者の多くは自民党を支持したため、日本における政治参加の拡大は、政治的不安定化を招くというよりは、むしろその安定に貢献した。農村部住民の政治参加は、権力への信頼やエリートへの同調を意味したのである。そして彼らの自民党支持は、自民党による再分配政策、すなわち、税制や補助金による農村・農業者優遇政策によって支えられていた。これを一般化して、「支持的な参加→政治の安定性と政策の一貫性→社会経済的発展→社会経済的平等性→支持参加のさらなる拡大」という、「支持参加モデル」を示した。このモデルは、戦後日本における自民党の長期政権の成立を説明する通説とされている（Kabashima 1984；蒲島 2004）[9]。

9）一方で Johnson（1982, 1999）によれば日本は発展指向型国家（Developmental State）とされ、通商産業省に集まった、東京大学を卒業したエリート官僚たちの企画立案による、国家の主導で経済発展が進展したとされる。Johnson 自身は分析には含めていないものの、その主張を敷衍すれば、農業者は政府の政策形成のパートナーというよりは経済発展の犠牲となって簒奪されるもの、という理解となり、実際に植民地時代の

蒲島の支持参加モデルは説得的である一方、その形成や維持の過程は未解明である。また、農業者が選挙において自民党に投票しても、自民党が農業者の利益になる政策を実行するとは限らない。農業者が自民党以外の政党に投票する可能性が、ある程度存在しなければならないと考えられ、農業者と他政党の関係性も分析する必要がある。さらに、蒲島の着目する政治参加は基本的には選挙過程が中心であるが、中選挙区制下における利益団体政治に関しても、小選挙区比例代表並立制が導入された1996年総選挙以前から変化が生じており（久米2006）、団体と政党間の関係性における、選挙制度以外の要因の重要性が示唆される。

　本書では、農業者団体と政党との近接性ではあっても、政権党以外の側面、すなわち保守第二政党ないし左派政党との関係性と、そうした関係性が農協グループの影響力に与えた影響に関して着目する。アメリカの利益団体研究においては、より注目されない争点は超党派的になる傾向があるとされており（Baumgartner et al. 2009）、戦後において経済的な意義が減少していった農業争点においては、こうした超党派性の傾向は強まると考えられる。ある程度の影響力を保つには、政権党と適切な距離をとることも利益団体には求められよう。一党優位体制下の日本でも、政治過程における野党の排除性は低く、自民党との接触や自民党への支持が弱い団体でもある程度の政治的影響力が存在することが指摘されてきた（村松＝伊藤＝辻中1986；Muramatsu and Krauss 1990）。また、2009年の政権交代後には団体の政党接触パターンが変化し、たとえば民主党と接触する農業団体が増加するなど、圧力団体の民主党と自民党への接触頻度が並んだことが観察されている（濱本2016）。団体―政党間だけではなく、団体―行政間の関係性における変化も観察されており（久保2016）、利益団体と政党・行政との関係性は現代の利益団体政治を考える上でも重要なトピックである。農業者と政党・行政との関係性の再考を通じて、戦後日本の政官業のトライアングルのあり方を再考すること

韓国ではそのような状態が見られたとされる（Kohli 1999）。本書の問題関心に照らし合わせれば、農業者が生得的に持つ政治的脆弱性を示唆するものであり、農業者が政治的影響力を持った戦後日本の事例を研究する意義をより大きくするものであると言えよう。

につながると考えられる。このように本書は、農協グループのその後にかかわる決定的な政治上の契機に、農協グループがどのように諸政党に対応し、自らに望ましい制度を維持、増強していったのかを明らかにすることで、戦後日本において農業者がなぜ繁栄を誇ったのかを明らかにしたいと考える。

　また、本書により農協グループの党派性が再検討されることで、戦後日本における自民党一党優位体制に農業者組織の存在が与えた影響について、新しい理解を提示できる。政治経済学における先行研究では、農民層が階級として、どの階級と連合を組むかによってその政治体制が決定される、とした一連の研究が存在する。先駆的な研究である Moore（1968）は、地主層の存在と不存在が、ファシズムと民主主義とを分ける要因となったと主張する。この議論を発展させた Luebbert（1991）は、地主層ではなく中流農民の連合形成に着目する。Luebbert によれば、Moore は地主層が農民を政治的な統制下に置いていることを前提としているが、経済的な支配は必ずしも政治的な支配を意味するものではなく、たとえば南部スペインでは農業労働者がしばしば社会主義政党に投票していた。こうした問題意識の下で、Luebbert は戦間期ヨーロッパに注目し、中流農民が労働者と同盟を組んだ国家では社会民主主義体制が誕生し、一方で農業者が労働者ではなく都市部の中産階級と協力体制を組んだ国家では、ファシズムへの大衆基盤が生まれる、と主張した。

　こうした議論を、戦後日本を事例として展開させたのが樋渡展洋である。樋渡は、日本における高度産業化と政治的民主化の両立というパズルに対し、市場組織に着目し、「日本では『組織された市場』が産業政策と所得政策的調整の両立を可能にし、その政治的・党派的抑制効果が政府・政党対立軸と『小さな政府』、安全保障関連争点での限定された党派的対立をもたらし、それが戦後日本でみられた経済発展と民主政治の両立の１つの形態を作り出した」と結論づける（樋渡 1991：259）。

　この説明の中で、経済政策における裁量を自民党に与え、その一党優位体制を支える基盤となったのが、農業者の動向であった。まず、農業者と労働者の政治的同盟（赤と緑の同盟）が見られた北欧とは対照的に、終戦直後の日本では、日本社会党（社会党）が政権を保持している際に農業者との関係

性の構築に失敗し、結果として労働者と自営農民との対立を深化させる形で政権が崩壊し、さらには分裂したことなどにより、社会党優位の安定的な政権基盤の建設に失敗した（樋渡1991：第4章第1節）。こうした赤緑同盟の失敗の一方で、農業者の組織化は、農業者の経済的利益を集約する農協グループによって行われた。この理由として樋渡が指摘するのは、当時の経済状況として、「統制経済のもと、食糧の配給と重要物資の分配を実行するためには、何らかの組織網が不可欠であった」ことである。この目的のため、戦時中から存在していた既存組織である「農業会組織が転用され、農協へと継承されることとなった」とする（樋渡1991：156）。その後、「政府の積極的な財政援助と農協の信用部門の全面的な関与」によってドッジ不況を乗り越えたことで、「農協の組織網は信用部門を中心に結束が固まり、事業連の活動は信連の監督下に置かれることになった。そして、その多角的な活動を通して、農協組織は農家の経済活動のあらゆる領域に深く関与することになった」（樋渡1991：160）。

　以上のように農協グループによる農業者の組織化を分析した後、樋渡は、1940年代終わりから50年代にかけての世論調査データから、「第一に保守党の農村掌握が農協による農民の経済利益の組織化より後に起こったこと、第二に農民の保守党支持が内閣支持のそれに先んじたこと」が読み取れ、そこから、「保守党が農民の政治的・党派的支持を開拓・動員したというよりも、農民の経済的利益を集約・動員した農協がその政治的利益の実現のため保守党を利用することで、政府の政策を農協に有利に転換させたことを推察させる」と議論を展開する。「農協が農民利益をほぼ独占的に集約する体制のもとでは、農協の意向は超党派的な動員力を持って」おり、「政府・与党首脳が農協の意向に反して直接農民層を把握しようとすると、農協の方針に野党も同調せざるを得ず、そのことが逆に野党の農村進出を恐れる政権党内の反対を引き起こす仕組みになっていた」とする。その例として、米の統制廃止問題、構造事業改善、農業団体再編成問題など、政府と農協が対立する政策では、「農協が政権党議員だけではなく野党議員をも動員できた」ために、「農協の主張がほとんど例外なく尊重された」とする（樋渡1991：161-

162)。このように、当時の経済状況下での必要性から、農業会を継承する農協グループが設立され、この経済利益の組織化が政治的動員よりも先に行われたために農協グループの主張が超党派性を持ったことで、農協グループの主張する利益を政権党たる自民党が実現し、自民党は農業者を支持基盤として確立したことで、保守党による一党優位体制が成立したとする。

　この樋渡の主張する「農協グループによる農業者の組織化→自民党の一党優位体制の支持基盤へ」という経路を慎重にとらえ直したのが、空井（2000）である。空井護は、農協による農業者の組織化が1950年代になされたとする点で、樋渡と共通の見解を持っている。しかし空井は、こうした組織化のされた農業者団体は、自民党に対抗する利益団体として活動する可能性もあり、農業者政党の結成によって農業者が自民党に抵抗する勢力として政治化される可能性もあったという指摘を、佐賀県における農業者政党結成の試みを分析することで明らかにしている。空井はこうした試みが失敗したことによって初めて、自民党の基盤が成立したとする。また雨宮昭一も、1950年代の農村では必ずしも保守が農村コミュニティを支配していたわけではなく、支配していたのはむしろ革新の側であったこと、補助金などを通じて「保守の側の産業基盤の整備をめぐるイニシアティブ」の影響で、農業者グループの代表者や農村部から代表された政治家による、自民党への入党や自民党寄りの政治的立場への移行などの「農村社会の転換」が見られたことを述べている（雨宮1997：132-140）。

　先に述べたように、農協グループの主張が超党派的訴求力を持っていたという点においては、本書も樋渡らと共通の見解を持つ。ただし、この超党派性について樋渡は、当時の経済状況に起因して農協グループが経済活動における独占的地位を得た結果であるとするのに対し、本書は、より詳細に当時の政治過程、とりわけ農業協同組合の成立過程について分析することで、農業会／農協グループは独占的地位の獲得以前から超党派的な態度をとっており、農協グループと農民組合との間により強い協調関係があったことを主張する。さらに、超党派的立場は当時の経済的条件だけに規定されたものではなく、そうした立場を維持できるように農協グループによる積極的な政治的

営為があったことを明らかにする[10]。また、農業者と（与党）政治家・農林官僚という、農業における政官業の三者間で政治的利害が完全に一致しているわけではなく、農協グループによる三角同盟外の政治的アクターとの接触をより詳細に分析することで、鉄の三角同盟の典型とされる戦後日本の農政観を相対化し、農業者がどのようにして自らに望ましい政策を実現していったのかを明らかにする。

利益団体とその構成員

　戦時制度が戦後まで継承された第一の要因として、農協グループと政党や他の農業団体といった外的アクターとの関係性に着目した。一方、組織を維持するためには、組織を構成する人々の忠誠心を組織に向けなければならない。Hirschman（1970）も指摘するように、団体の構成員は、団体に不満がある場合には発言をすることも可能であるし、また団体から離脱することも可能である。どちらのオプションをとるかには、団体への忠誠心が影響しているとされるが、農協グループが組織維持に成功したことを考えると、この団体への忠誠心こそが重要な要因であったと考えられる。農協グループは自己組織を確実なものにするため、どのような戦略で構成員に臨んでいったのだろうか。農業団体を含む日本の生産者団体は、1990年代末の調査ではアメリカや韓国と比較して組織化が進んでおり、その契機は終戦直後にあったとされている（辻中2002；辻中＝崔2002a；辻中＝崔2002b）。本書で日本において代表的な生産者団体とされる農協グループの組織化を分析することは、これらの先行研究のよりよい理解につながる。

　本書では、第二段階である、構成員の忠誠心を農協グループに向けさせて組織の結束を維持するメカニズムとして、農協グループが構成員にとって不

10）なお、空井の指摘のように、1961～62年にかけて農協グループと自民党の関係性が強まり、1963年には社会党と農協グループの要求した米価が異なるなど（空井2000：284）、本書が着目する超党派性にも限界があったことは否めない。ただし、宮崎隆次が指摘する1970年代の農村部における社会党支持の広がりと農村ネットワークへの依存（宮崎2000）など、その後の日本農政の展開を踏まえれば、本書の分析が与える示唆もあると考えられる。

可欠な存在となるために構築した2つの仕組みを分析する。一点目は、米価政策における農協グループの存在である。農協グループは、米価決定過程や、米の収集過程において、政府と農業者との間における中間団体として、不可欠な地位を得るために政府に働きかけ、その地位の獲得によって構成員の忠誠心を組織につなぎ止めることに成功した。

　第二に、農協グループは、構成員に必要な情報の提供を通じて、その構成員の忠誠心を獲得することに成功してきた。一般的にある集団が排他的な情報を保持している場合、それは他の集団に対する自らの政治的影響力を拡大させうる。情報の保持が政治家への影響力行使に際して重要であるということは、これまでも観察されてきた。たとえばアメリカでは、政治家が政策を実行するには、アメリカ最大の農業者団体である American Farm Bureau Federation（アメリカ農業者連盟、AFBF）に依存する必要があった。なぜなら、AFBF は潜在的な政府支持者である農業者に関する詳細な情報を持っていたからである（Hansen 1991）。これに対して本書では、外部のアクターとの関係性における情報の利用よりも、内部の構成員に対する利用に目を向ける。本稿における実証分析により、組織発の情報がその構成員にとって重要であること、そして農協グループはこうした情報を活用して、効率的に構成員の忠誠心を引きつけられたことを明らかにする。

　利益団体の組織維持に関しては、Wilson（1973）等の研究がある。Wilson は、Olson 等の利益団体に加入することによる個人の経済的利益に着目した議論に対して、個人が他の誘因との組み合わせによって団体に参加すると説く。彼によれば、団体参加の誘因は、物質的誘因、特定連帯誘因、集合的連帯誘因、目的的誘因の4つの誘因に分けられる。第一の物質的誘因は、連帯という行為によって得られる「有形の報酬」であり、「金銭や、金銭的価値に容易に換算される物やサービス」を指す。第二の特定連帯誘因は、「連帯によって得られる特定の個人のみに与えられる（あるいは与えられない）無形の報酬」であり、「任務や名誉、尊敬」などが含まれる。第三の集合的連帯誘因は、「連帯することで集団によって享受される無形の報酬」であり、「一体となることの楽しさや和やかさ、集団への帰属意識や排他性、こうした集

合的な地位や尊敬を集団全体として享受すること」などが挙げられる。第四の目的的誘因は、「価値ある運動の達成に貢献したことへの満足感に起因する無形の報酬」である。これらの誘因は、「どの程度個人の行動の制限や指示が可能か」という点と、「どの程度その組織の明示された目的を含意するか」、という2つの点において異なっており、どの誘因を重視するかは、組織によって異なりうる（Wilson 1973：第3章）。先述のように、樋渡（1991）などの先行研究では、農協グループの農業者の把握に関しては、経済的利益の役割に焦点が当てられてきた。本書では、農協グループの構成員に対する行動を分析することで、とりわけ物質的誘因以外の誘因がどのようにその構成員に対して影響していたかを明らかにする。

　この分析により、農協グループの利益団体としての側面だけではなく、サブカルチャー（下位文化）としての側面にも焦点が当てられる。従来の農協グループは、経済団体としての側面に注目が集まっていた。しかし、農協グループが行っている事業は経済事業だけではない。第5章で分析されるように、農協グループの婦人部（現・女性部）や関連する出版会社である家の光協会を通じた、農村女性向けの活動も重要活動の1つとして位置づけられていた。このように家族ぐるみで団体活動に巻き込むその活動形態は、サブカルチャーとして農協グループをとらえることを可能にする。Lipset and Rokkan（1967）などが指摘するように、経済発展と社会構造の変化に呼応して形成された一定程度静態的な社会集団をベースとした政治集団形成はこれまでも注目されてきたが、その形成過程が国家によって異なることからも明らかであるように、同様の社会・経済的変化から同様の社会集団が誕生するわけではなく、その過程は必ずしも所与のものではない。サブカルチャーがどのようにメンバー自身によって主体的に形成されるのか、農協グループの分析はその問いを明らかにしてくれるだろう。

　従来の比較政治研究において、農業者階級は重要なアクターの1つとして分析されてきた。前述のMooreやLuebbertのように階級連合が政治体制に与える影響を分析する研究では、農業者という政治的アクターの利益は構造的に規定される。それがどのように形成されるかという点や、集団内でのリ

ーダーシップなどの階級を階級たらしめるメカニズムに関しては、そこまでの注意は払われない。これに対して本書は、農業者の組合員意識を高める方策の分析から、階級連合による政治過程の前提としての階級そのものの形成過程にも示唆を与えることができると考える。とりわけ本書が分析対象とする戦後初期の日本においては、農地改革によって農業者は地主層の制約から解放され、農業者がどの政治勢力を支持するのかに関しては、戦間期ヨーロッパと同等か、もしくはそれ以上に流動的な状況となっていたとも考えられる。このような状況下で、農業者が政治的影響力を発揮するためにどのように団結したのかを考える本書は、階級の形成過程のより深い理解に貢献できよう。

第3節　本書の研究手法

　本書では、終戦前から1960年代までのタイムスパンをとって、農協グループが戦前から組織を継承し、その地位を確固たるものにするまでの過程を分析する。すなわち、第1章で戦前から戦時期にかけての農業団体の組織化の過程を分析した後、次の契機となった終戦後の組織継承については第2章で、組織の誕生後間もない頃の軌道に乗るまでの時期を第3章で取り扱い、農協グループが政治家や官僚などの狭義の国家を形成する政治的アクターに対し、どのように対応して自らの地位を形成していったのかを分析する。その後の第4章と第5章では、構成員に対してどのように対応し、その組織への忠誠心を高めるような戦略をとったかを分析する。このように、「（単数・複数の）独立変数と、従属変数である結果のあいだに介在する因果プロセス——因果連鎖および因果メカニズム——を解明しようとする」手法は過程追跡と呼ばれる（George and Bennett 2005：206）[11]。GeorgeとBennettによれば過程追跡などを用いた事例研究は、同じ結果をもたらすような異なる因果経路が多数あることを示す、「同一結果帰着性（または多重収束）」などの複雑な因果関係の多くを説明したり、因果メカニズムを探求したり、新たな仮

11）文の訳はジョージ＝ベネット著、泉川訳（2013）を参照した。

説を導出したりすることに適しているとされる（George and Bennett 2005：20-22）。本書では、「戦時動員による農業者の組織化」と「戦後における高度に組織化された農業者」という2つの変数間にある関係性が、これまでの研究で示唆されるような自明のものでは必ずしもなく、その間に、農業者組織の超党派性と、構成員の忠誠心を高めるための戦略という、他の2つの変数が存在した、ということを明らかにするものであり、過程追跡の手法を採用して分析を行う意義が大きいと考えられる。こうして農協による農業者の組織にとって重要な契機となった時期を分析することで、これまで見過ごされてきた、農協グループの党派性や構成員に対する戦略が、組織形成・維持に与えた影響を明らかにする。

　事例研究における方法論とその実践法を著したGerringによれば、事例研究は取り扱う事例数と、空間・時間におけるバリエーションによって分類される（Gerring 2007：27-29）。彼の分類に従えば、本研究は戦時中から戦後初期の日本の農業者団体を取り上げる、通時的な単一事例研究である。ただし、補完的に同時期の他団体や他国の事例を参照することがある。このような空間的にバリエーションのある他の事例は、本研究ではより深く追究されることはないものの、日本農業を分析する際にも、比較事例研究や比較歴史事例研究への発展を念頭に置いている。単一事例研究には、その事例選択にもバリエーションが存在する。各種事例の中で、逸脱事例（deviant case）は、「（特定の理論であれ常識であれ）何らかのトピックに関するある一般的な理解を参照することで、驚くべき価値を示す事例」とされる（Gerring 2007：105）[12]。戦後の農業者組織はGHQによる戦後改革を乗り越えた戦時組織である。占領期における民主化の下での戦時組織の残存という、客観的に恵まれない条件下での制度の継承という点に着目すると、日本の農協グループという事例は制度の残存の逸脱事例であるととらえられる。また、「逸脱事例分析の目的は通常、まだ特定されていない、新たな説明を探ることである」とされる（Gerring 2007：106）。本書においても、戦時制度の戦後への継承と維持を可能にした、農協グループの超党派的な立場とその構成員に対する戦

12）用語の邦訳は加藤＝境家＝山本編（2014）を参照した。

略という 2 つの変数に着目し、その新しい説明を目指す。政治学、特に比較政治学における事例選択の議論に基づいて本書の事例選択を検討すると、そのリサーチクエスチョンとその分析の重要性が確認される。

　本書は、一次資料に加えて、先行研究や回顧録、農業団体の年史など、多くの二次文献に依拠する。本書が分析の対象である戦時組織の設立や農協グループの超党派性、そして団体の構成員に対する戦略は、これまでも断片的に指摘されてきた。しかし、それらの要因が、農業者組織の形成・維持に与えた効果、という文脈から統一的な視座をもって、ある程度のタイムスパンをもって分析されることは少なかった。こうした政治学に限らない断片的な記述を、農業者組織の形成・維持という文脈から立体的に組み立て直すことで、なぜ日本では農業者の組織化が堅固なものとなり、現在でも手厚い農業保護政策がとられるようになったのか、という問いに、新しい視座をもたらすことを目的としている。比較政治学において分析の対象が多岐にわたる場合、新しい「事実」の発掘よりも個別の既知の事実に新しい「説明」を提示することで、学問的蓄積に貢献を行うことが認められている（前田 2014：17）。本書もこの考え方に基づき、農業者組織に関する一貫した見解を示すことを目的とする。また、同一の資料に依拠する場合、先行研究が見落としていた点の存在を指摘することなどにより、より詳細な解釈に貢献することを目指す。

　なお、農業史研究の分野で、戦後初期の農協グループを含む農業団体のあり方や米価政策についての先行する優れた分析も多く存在する（近年では太田原＝田中編 2014；北出編 2004；河野 2014 など）。本書は、それらの成果も踏まえながら、利益団体の党派性や構成員の忠誠心などの観点から、新しい解釈を提供することを目的としている。

第 4 節　本書の構成

　本書は序論と 5 章、そして結論から構成される。図 0-1 は、本書の構成を概念図として示したものである。

序　論　戦後日本における農業保護と農業者組織

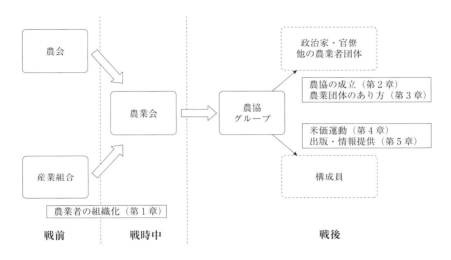

図 0-1　本書の概念図

　第1章では、まず戦前・戦時中の農業団体のあり方を概観し、戦前における農会と産業組合の二団体並立状態を確認した上で、戦時動員による国策としての農業者の組織化と農業会の誕生が、農業者を1つの頂上団体の下にまとめる重要な契機であったことを示す。さらに、戦時中と戦後の農業者団体の組織構造を比較し、その類似性を示し、戦時動員がその組織形成に果たした重要な役割と、戦時組織の戦後への継承を確認する。これらの分析によって、市町村レベルでの農協が、各種事業を兼営しており、ある一定の地域における独占的な地位を維持し、市町村レベル―都道府県レベル―全国レベルの階層的構造、など戦時中と戦後での共通点が示される。さらに農協グループの組織率のデータから、戦後の長期間にわたって農協グループが高い組織率を維持してきた点を確認する。
　第2章と第3章では、農業会の組織制度が戦後の農協グループに継承される過程を、主に政治家や官僚、他の農業者団体との関係性に注目して分析する。第2章では終戦直後に焦点を当てる。GHQの内部文書や、当時折衝にあたった農業官僚の回顧録や、その他二次資料を用いて考察する。その結果、

23

農業会と異なる全く新しい農業者組織の設立を求める GHQ と、農業会の改組で良しとする日本政府との間の、戦後の新農業団体に関する意見の相違が確認される。さらに、GHQ と日本政府との間で議論がなされている間、農業会関係者が社会党系の農業者団体である農民組合との接触を図り、共同で組織横断的な新組織をつくり、超党派的な立場をとり、またそのように認識されようと試みていたことを明らかにする。その結果として、戦後誕生した農協グループは、法律上は農業会とは異なる新たに設立された組織であるにもかかわらず、第 1 章で確認されたように、様々な面で戦時動員の特徴を色濃く残した組織となった。比較事例として、政府との緊密な関係を維持した結果独立性の維持に失敗した、韓国やフランスの農業団体の戦後の動員の在り方を示す。

　第 3 章では、1950 年代に 3 度企図された、農協グループの廃止や大きな改組の試みの過程を分析する。3 度の試みは、いずれも当初の計画どおりには進まずに、農協側に有利な帰結をもたらした。その要因は 1950 年代における農協と社会党・農民組合との関係性にあり、危機対応に際して農協グループは左派系アクターとの関係性を生かして政権党である保守政党との交渉を有利に運んだことを明らかにする。

　第 4 章と第 5 章では、農協グループの構成員である組合員と農協グループという組織との関係性に着目し、その組合員の忠誠心をつなぎ止める試みを分析する。第 4 章では、農協グループが多様な利益を持つ組合員をまとめ上げて活動を行っていたのかを明らかにする。事例として、農協グループによる米価運動を分析する。戦後様々な農産物の統制が解除される中での米の統制の残存には、終戦直後の食糧危機や朝鮮戦争など、国内政治にとっての外生的要因が大きく影響していた。しかし、そうした政治的状況を巧みにとらえて自らに望ましい制度の残存を図った農協グループの活動も見逃すことはできない。同章では 1954 年度産米からスタートした「事前売渡制」などを通じて、農協グループが政府と農業者の間に存在する代替不可能な仲介者としての立場を確固たるものにしていく過程を、農協グループ側から政府への提案などを通じて分析する。

第5章では、農協グループによる雑誌などの出版物が、組合員やその他の読者にどのように受け入れられたか、さらに農協グループがどのような理念・戦略の下にそれらの出版物を配布したのかを考察する。その結果、農協グループは戦後手に入れた組織遺産を維持するために、構成員に対する情報提供を通じて組織の存在意義を示し、組合員の組織への忠誠心を高めようとしたことが明らかになる。こうした情報提供にあたり、女性の政治参加や日本農業の多様化など、日本社会が経験した変化に対応しようとした点も分析される。

　最後に、本書の分析で得られた結論をまとめる。

第1章

戦前・戦時・戦後日本の農業者組織の概観
——戦時動員とその継承

　本章では、次章以降で分析される戦後日本における戦時農業者組織の継承の前提として、第一に、戦前期の日本の農業者がどのように組織化されていたのかを分析する。農業者組織に関して政府が戦後発行した公式の資料や、これらの団体に関する先行研究を基に、主に戦前期の日本における農業者組織の形成とその変化を分析し、政府による農業者の組織化が試みられていたものの、農業者の組織はそれほど強固なものではなかった状況を明らかにする。第二に、1920年代末から第二次世界大戦中にかけて、農業団体間の協調・連携と、その統合が議論され、最終的に1つの頂上団体の下に統一的に組織化されるようになった過程を分析する。第三に、次章以降の分析の前提として、戦後の農業者組織の体制を概観する。戦前・戦時期との比較を行い、戦時中に形成された農業者組織の制度が、戦後も基本的に維持されていることを確認する。また、そのように形成された戦後の農業者組織の維持を他団体と比較するなどし、戦後の長い間にわたり、日本の農業者が堅く組織化されてきたことを確認する。最後に、本章で得られた結論をまとめる。

第1節　戦前の農業者組織
―農会と産業組合の並立―

　本節では戦前期の農業者組織について分析する。日本の農業者組織は、第二次世界大戦までの長い間、それほど強力なものではなかった。図1-1は、戦前の日本の農業者組織の概略を表したものである。20世紀初めの日本には、2つの主要な農業者団体が存在した。農会と産業組合である。前者が主に大規模農家や地主から構成され、営農指導や農政活動を担当していたのに対し

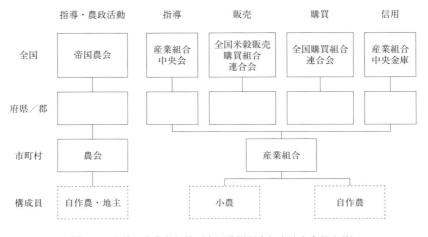

図1-1 戦前の農業者組織（全国購買販売組合連合会設立前）

て、後者はおもに小農や小作農からなり、農作物の協同出荷や構成員のための金融に従事していた。このように、2つの組織は農業に関する異なる機能を分担しており、またその構成員や働きかけの範囲として、異なる種類の農業者を対象としていた。

　ここで戦前の日本の農業者の構成を概観しておこう。日本の農業者における自作農の割合は、1899年には35.3％であり、一方小作農の割合は38.0％であった。1908年には自作農の減少と小作農の増加がみられ、それぞれ32.8％と39.5％であった（暉峻編2003：52-53）。この構造は戦時期・終戦直後においても同様であり、表1-1が示すように、自作農と小作農の割合はどちらも農業者の3割前後となっており、小作農の割合は減少しているものの、依然として農業者の多くの部分を占めていた。自作農の増加と構造の根本的変化を見るには、農地改革を待たなければならなかった。このように、異なる農業従事形態の農業者がそれぞれ一定程度存在し、小作農や小農の割合が多い状況では、農業者団体が階層により分かれていることの影響は大きかったと考えられる。

　以下、産業組合と農会の成立から、1920年代までの組織の発展状況を概

第1章　戦前・戦時・戦後日本の農業者組織の概観

表1-1　自作農・小作農の割合

（単位：％）

年次	自作	自作兼小作	小作兼自作	小作	その他
1942	31.5	20.1	19.6	28.4	0.4
1946	32.8	19.8	18.6	28.7	0.1
1950	61.9	25.8	6.7	5.1	0.6
1955	69.5	21.6	4.7	4.0	0.2

出典：「第33次農林省統計表」（農林省）、暉峻編（2003：15）より引用。

観する。産業組合は、1900年の産業組合法によって成立した、中小農を中心とした農業者団体である。それまでの農業政策がイギリスなどの大規模営農をモデルとしていたのに対し、品川弥次郎、平田東助らの主導により、協同主義と小農論を基盤とする協同組合として、産業組合が成立した。しかし、品川・平田があくまでも自助組織としてのシェルチェ式を採用した協同組合を描いたのに対して、産業組合法案を担当した農商務官僚は、「出資金を義務付けず、利益配当をしないライファイゼン式」の信用組合の原則を多く取り入れた。そのため、「経済的な自主性・独立性が脆弱」で、「国からの助成金に対する依存度が高ま」ったとされる（佐々田2018：44-61）。参加者は一戸一票制の原則を持っていた（大門1994：38）。その後、産業組合法の第2次改正により、産業組合中央会と、各産業組合の全国・府県レベルの上部組織である産業組合連合会の設立が認められ、第7次改正により、産業組合への農事実行組合や養蚕実行組合等の法人加入が認められるようになった（農林省農政局［1951］1979：5）。

　産業組合は、「組合員の産業または経済の発達をはかるため一定の経済事業を協同的に経営することを目的とする産業組合法上の法人」であり、事業の種類により信用組合・販売組合・購買組合・利用組合の4種に分かれていた。信用組合は組合員への必要資金の貸し付けと組合員による貯金の利用を、販売組合は組合員の生産物ないしその加工品の売却を、購買組合は必要物品

の買入れやその加工ないし生産を、利用組合は組合員に必要な設備を利用させることをそれぞれ目的としていた。兼営も認められており、単営組合と兼営組合が存在していた。加入・脱退は自由であり、監督官庁は主務大臣たる農林大臣と地方長官、ただし信用事業にかかわる部分は農林大臣と大蔵大臣の共管となっていた。産業組合が組織する連合会は、主要なものは道府県を区域とするものと全国を区域とするものであり、産業組合中央金庫がある信用組合以外には、全国連合会の設立が認められていた。主要な全国連合会は、一般事業として全国購買販売組合連合会（全購販連）が、特殊事業を行うものに大日本生絲販売組合連合会、全国乾繭販売組合連合会等があり、その他に金融機関として産業組合中央金庫があった。産業組合中央会はこれら産業組合の「指導・奨励団体」として、自らは経済事業を行わなかった。このうち、産業組合中央会は、1910年に社団法人として設立され、「産業組合の普及発達、指導、連絡統制」を図り、「調査、指導、教育、表彰、宣伝出版等」の事業を行っていた。全購販連は、時代が下って1941年1月に設立された連合会であり、1923年設立の全国購買組合連合会、1931年設立の全国米穀販売購買組合連合会、1934年設立の大日本柑橘販売組合連合会を合併したものであった。購買事業と販売事業を行う産業組合連合会と産業組合から構成され、「肥料、飼料、農機具、農薬等の産業用品」や食料品・経済用品などの必要物品の購買や、「米、麦、菜種、豆、木炭、鶏卵、柑橘等」の生産物の販売、政府米の買入れや連合農業倉庫の経営を行っていた。産業組合中央金庫は、1923年4月成立の産業組合中央金庫法に基づいて設立され、1924年3月から事業を開始し、所属する産業組合や産業組合連合会に対する貸し付け等の信用事業を行っていた（農林省農政局［1951］1979：9-13）。

　もう1つの源流である農会は、1899年成立の農会法によって設立された農業者団体である。産業組合と同様に農会も政府の主導で設立された団体である。農会の起源は、「農業技術の普及や意見交換を目的」として、内務官僚が主導した、各地の老農や篤農家を中心とした集会であった。これを基にして、イギリス王室農業協会をモデルとして、1881年に地主層を中心とした大日本農会が設立された（佐々田 2018：76-77）。

その後、前述のように 1899 年の農会法制定により農会として発足し、国庫からの補助金が与えられるようになった（佐々田 2018：78）。参加資格は土地所有者か一反以上の耕作者であり、農家単位の加入を基本としていた（大門 1994：38）。松田（2012）によれば、農会法の成立の背後には、大きく 3 つの要因があるとされる。第一に、「正貨の獲得」や「流出の防止」のため、農産物を増産する必要があり、そのために「技術指導団体が必要であった」（松田 2012：19）。1892 年の大蔵省統計局の米の需給予想によれば人口の 7 割にしか米を供給できないとされており、実際に米穀を大量に輸入しなければならない年が 1890 年以降増え、穀物増産が喫緊の課題であった（松田 2012：20-21）。第二に、近世以来の湿田中心から乾田中心の稲作技術体系への更新など、伝統的な農法を科学的観点から検証することによって、今後の世代に伝えるべき農業技術が「確定、整理されてきた」（松田 2012：19）。第三に、農村・農業者側にも新技術を求める需要が存在していた（松田 2012：19）。1870 年代半ば以降、府県の勧業課職員や勧業委員が働きかけ、各地で農業者が集まり情報や意見を交換し合う、「農談会」が開催されていた（松田 2012：3, 21-26）。しかし、こうして得られた「情報の正確性を確保する手段」がなかったことや、農談会の継続的な運営、情報網の拡大、情報の伝達といった、「制度的、組織的裏づけがなかったこと」など、問題点も存在した（松田 2012：26）。これらの 3 つの理由から政府は制度化された農業者の全国組織を設立することを検討したとされ、農会は米の増産を図るために、確かな技術・情報を集約し、適切に農業者へ伝えていく役割を担うことが期待されていた。

このように法制化された農会であったが、法制化のプロセスの中で政府、とりわけ山県有朋の影響力の強い官僚は、農会が政治団体として活動するようになることに強い懸念を示し、それを防ぐための手立てを講じたとされる（宮崎 1980a：477）。そもそも農会は法令に基づく団体ではなく、財政基盤や人的動員力の面で脆弱であったため、農会側としてはこれらの改善のための仕組みを法制化することを望んでいた（宮崎 1980a：476）。衆議院議員三橋四郎次らが第 13 回帝国議会に提出した農会法案の原案では、強制加入制が採

用され、会費の強制徴収などの条項が含まれていたが、政府による修正がなされ、成立した農会法では強制加入や会費の強制徴集は認められず、その代替として15万円以内の補助金を与えることとなった（宮崎1980a：476-477）。このように、政府としては農会に独自の財政基盤や動員力を与えることにはあくまでも慎重であり、農会が政府のコントロールの範囲外へと自立した活動を行うようになることを防ぎたいという意図を持って法制化にあたったと考えられる。農会は農業一般に関連する活動に従事する一方、特殊部門に対する指導・奨励に関しても団体の設立が進められた。1887年の茶業組合規則の公布による茶業組合の成立、さらに1900年制定の重要物産同業組合法に準拠した、養蚕組合などの各種同業組合の設立が行われた。その他、畜産組合法が1915年に成立した。農会を含むこれらの農業団体は、成立については「官製的」、運営については「官僚的」、「民間団体という形をとっているが、実質的には、政府の施策滲透のための国家的機関たる性格を保有していたことは否定し難い」と評されている（農林省農政局［1951］1979：4-5）。

　その後、1910年の農会法改正で、法人格を持った全国機関として帝国農会が発足し、組織が整備されることとなった（佐々田2018：78）。前述のように、山県系の官僚は法認には消極的だったが、産業組合中央会が1909年に法認されたことを受け、帝国農会の法制化も検討されるようになった。産業組合の場合、中央会の会頭となるのは内務大臣の平田東助であったことから、政府からの離反の恐れがないとされたために認められたとされる。同様に建前上は政府から独立した農業者組織である農会の側の全国レベルの組織の法制化を認めないということは、同じロジックの下では成り立たなかった（宮崎1980a：478）。こうして、産業組合中央会の法制化によって、帝国農会の法制化にも道が開かれることとなった。ただしここでも帝国農会が政府・行政から離反しないように注意が払われ、帝国農会および道府県農会に、帝国農会においては農務大臣、道府県農会においては地方長官によって任命される特別議員制度が設けられた。総会において議決権を有し、さらにその中から評議員の3分の1が選出されることになっていた。このような制限下では農会が独立した農政活動をする余地は小さく、「明治農政の下請機関として

の役割にその存在意義を見出すようになった」とされる（宮崎 1980a：478）。このように、帝国農会の法制化に関しても政府は消極的であり、法制化にあたって農務大臣や地方長官の農会に対する影響力を増すような仕組みが取り入れられるようになったことで、むしろ政府の農会に対するコントロールは強化されたと言えよう。

さらに、1922 年に新しい農会法が成立する。主要な改正点は（1）農会の目的の「農事改良」から「農業改良」への拡大；（2）農会が公法人として認められたこと；（3）農会費の強制徴収権が認められたこと；（4）政府からの補助金額の上限の撤廃；（5）農会の系統組織の強化、の 5 点とされ（松田 2012：52）、農会の設立目的の拡大や会費の強制徴収権を認めるなど、「系統農会を農業者の利益団体として認め、その経済的自立をある程度保障したもの」であるとされる（宮崎 1980a：490）。しかし、農会運動の活性化の妨げとなったのが、農業者利益を一体のものとして見なし、篤農家に小作人を指導させるという、明治農政の枠組みであり、それが大正期にも引き継がれた影響であったとされる（宮崎 1980a：501）。農業者の利益は一体であるという前提に立つ場合、地主と小作人との間の階級対立は想定されず、その調停機関を備えるという発想は存在しない（宮崎 1980a：500-501）。しかし実際には、適切な小作料の設定など、地主と小作人の間の利益には相反する部分も多く、とりわけ 1926 年 10 月の小作調査会の政府への答申による小作の問題が顕在化したことで、地主勢力が小作人を保護・指導する篤農としてではなく、むしろ小作人と対抗するものとして運動する向きも見られるようになった（宮崎 1980a：506-507）。結果として、農会は「全くの地主団体と化することは避け得たのであるが、（中略）農業利益増大運動を行う場合にも、反対派から少数地主の利益擁護運動とみなされることになり、農政団体としての系統農会の能力はその意味で限界づけられることになった」とされる（宮崎 1980a：507）。系統農会は行政官庁や小作人との関係性に苦慮し、有効な農政活動をすることが難しく、自律的な活動によって利益表出を行い難かったのである。

以上をまとめると、1920 年代までは日本の農業者は農会と産業組合という異なる 2 つの団体に組織化されており、その構成階層も異なっていた。この

組織化も、政府の主導による、いわば上からの組織化であり、おおむね政府の農業振興政策の中で、ある一定の役割を果たすことが期待された、公的な性格を多分に持つ団体であった、ということが言えよう。

　ところで、農業者を組織化しようと試みるのは政府や官僚だけではない。政党もまた、農業者を組織化しうる政治的アクターであった。しかし戦前の日本においては、既成政党は農業者からの支持を得ることはできなかったとされる。1920年以降、農村問題が争点化するものの、両党ともに地主と小作人とを「一体として見た農業者利益」を増加させることで農村内の対立を解消しようと試みた点で、政友会と憲政会／民政党の間では農村振興策に関して大きな違いは存在しなかったとされる（宮崎1980c：904）。この点、財政積極主義をとる政友会の方が憲政会／民政党よりも農村への大きな支出を主張しえたものの、政策を実現させることができたわけではなかった（宮崎1980c：904-909）。一方で民政党は、政友会の政策の実現に強く反対し、自らが政権にある際には先述の特別議員制度を利用し農会人事に直接介入するなどして一時的な関係の密接性を得たが、長期的にはかえって農会側の不信を招く結果となった（宮崎1980c：909-912）。このような各政党の農村振興策の類似と相互対立による提示された政策の未達成に加え、政党間の支持獲得競争が団体内の党派対立を起こす可能性があった。先述の人事介入など、政党の側から団体へと影響を及ぼすことは比較的容易なのに対して、各政党の農村振興策が類似する中では、農村団体が特定の政党を支持して逆に政党を左右することは難しく、こうした非対称的な関係性への「無力感と焦燥感」などから、農会などの農村団体内の政党への反発は強くなったとされる（宮崎1980c：912-916）。このように、仮にどの党を支持しても農村団体にとってはそれほどの意味を持つことはなく、既成政党は戦前期を通じて農業者を組織化するまでには至らず、また農業者側も、利益表出のための自律的な組織化を行うことはできなかったのである。

　ここまで分析してきたような政府や政党による組織化とは別の方面からの組織化の試みもなされていたことに留意したい。それは1922年の日本農民組合の結成である。1920年以降の農村不況によって小作人と地主との間の

利益の対立が顕著になり、双方の組織的運動が発生し、以降小作争議が全国各地で頻発するようになった（宮崎 1980b：693-694）。このような中で小作人の組織として日本農民組合が結成された。当初は極左の影響をおさえるために結成を急いだとされ、社会主義者やアナーキストはほとんど関与しておらず、協調主義的かつ穏健であった（宮崎 1980b：698-699）。しかしその後は、鈴木文治、平野力三らによって形成された、日本農民組合内の組織である関東同盟会の影響もあり、小作争議指導を通じ急進化していき、「大正末年には、社会主義的色彩の濃い、既存体制には敵対的な、中央集権的な組織となった」とされる（宮崎 1980b：702-706）。1924 年 2 月の第 3 回大会では、「小作農組織として自らを位置づけ、青年部結成の論議もおこなわれる」など組織化を進め、さらに 1920 年代の半ばには各地で発生した小作争議を指導した（大門 1994：84-85，101）。ただし、小作争議に関しては、小作法、小作組合法の両方の立法が企図されるも成立せず、小作争議を調停する小作調停法のみが 1924 年に制定されることとなった。この小作調停法では農民組合が小作調停から排除されており、このような影響により「農民組合の機能低下」を招いたとされる（大門 1994：194）。さらに小作法の流産による「母法」の不存在により、調停結果は「現実の地主小作関係に大きく左右されることになった」とされる（大門 1994：212）。また、日本農民組合は労働組合との連携を試みたのであるが、共産主義をめぐって左右分裂していた労働組合の影響を受け、1926 年 3 月及び 1927 年 2 月に 2 回組織分裂を起こすなど運営は安定せず、無産政党への支持をめぐって、離合集散を繰り返した（宮崎 1980b：719；宮崎 1980c：917-918）。このように、農民組合は農業者の受け皿になることはできず、農業者を大規模に組織化することはできなかった。

　農会との関係性について述べれば、日本農民組合員の中には、農会の総代となるものも現れた（大門 1994：184）。これは、上述の 1922 年の農会法改正の折、農会の全ての会員に農会総代の選挙権が認められたことに由来する。この制度改正は将来的な衆議院議員選挙における普通選挙導入を見越して行われたものであった（大門 1994：182-184）。その結果、1920 年代半ばから 1930 年代にかけて、日本農民組合に属している者に限らないが、小作人は全

国の農会総代の3割ほどを占めるようになり、昭和恐慌期には4割弱ほどまで増加した（大門 1994：185, 256-257）。一方で、農会長は普通選挙の対象外で、行政官庁の監督下に置かれる、などの限界も存在した（大門 1994：212）。このような小作人の進出に関して、農林省農務局や各地方は、肯定的な反応を示したとされる。すなわち、小作人が「階級意識」に目覚め、彼らの意向が農会総代を支配するような状況になるのは弊害であるが、そうでなければむしろ小作人の「自尊心」を高め、自治を担う者としての自覚を促すものであり、普通選挙の導入による変化として望ましい傾向である、と考えられたとされる（大門 1994：189-191）。また、官庁や道府県の主導により、第一次世界大戦期以降に農家小組合が積極的に設立されていった。当初は在村自作地主を中心として設立されたことが多かったものの、のちに小作や自小作中農層も加えた小農組織として設立されるようになっていった。官庁の意図としては、農民組合運動の勢いをそぎ、小作争議の発展を抑制するための設立でもあったとされ、地主層によって農民組合が解散させられたその日に農家小組合が設置される例もあったという（大門 1994：200-201, 206-207, 210）。このように、普通選挙の導入が小作人に与えた影響には、「小作農民や農民組合の活動力」の減退と、「農民運動の活動領域」の農会などの農村団体への拡大という、両方の側面があったとされる（大門 1994：258）。系統性のある強力な小作人組織の形成は奏功しなかったものの、それは小作人が政治的に無視された存在であったということを意味するものではなく、普通選挙の導入に伴って農村団体内における小作人の存在感が大きくなっていたことには、注意を払わなければならないと考えられる。

　また、中小在村地主層を主力とする大日本地主協会も 1925 年 10 月に結成された（宮崎 1980b：710-711）。こちらは地主層の組織化を図るものの難航した。結成の中心となった中小地主は、他の収入源がある大地主に比較して、小作米にのみ収入を依存しているものも多く、小作争議に関しては警戒感を示し、日本農民組合に対しても早くから敵対的であったとされる（宮崎 1980b：711）。一方で、役員の中には系統農会運動における活動家も存在するなどした結果、その宣言や綱領は農村内における小作人との協調的な態度

を強調しており、その戦闘的な態度の対象はあくまでも「悪化」した小作人や日本農民組合であり、小作層全体に対するものではなかったともされる（宮崎 1980b：711-714）。このような協調主義的なイデオロギーが地主利益の表出を妨げた結果、その団結力は低く、自己利益の実現に関しては政府に依存せざるを得なかったとされる（宮崎 1980b：714, 717）。このように大日本地主協会もまた、日本農民組合と同様に、組織化の対象であった地主を統合して政府に対して圧力団体として政治的な活動を行う存在とはならなかったのである。

　以上、本節では主に大正期までの農業者組織について分析を行った。20世紀の始まりに前後して、農会と産業組合という2つの農業者団体が設立され、全国・府県レベルの組織の拡充などがなされ、それぞれが発展を見た。しかし、両者は構成される農業者層が大きく異なり、包括的な組織化が行われたとは言い難かった。また、その成立過程などにおける政府の影響力は大きく、自主的な活動が制限される側面もあったことが確認された。その他の政治的アクターとして政党や農民組合、地主層などが組織化を試みる向きもあったが、成功するには至らなかった。このように、明治・大正期における農業者は、強く組織化されず、その活動も限られた状態にあったのである。

第2節　農業経済更生運動と農業会の成立

　前節では、農業者組織の弱さとその自律性の欠如を確認したが、本節ではこうした状況が問題視され、農業者が1つの頂上団体の下に組織化されるように変化していく過程を分析する。2団体並立の状況に対し、変化を求める議論が生じた契機は、1920年代終わりの世界恐慌によって引き起こされた昭和恐慌と、第二次世界大戦であった。恐慌の影響が深刻化する中で、政府は1932年夏に「農村経済更生運動」を含む農村対策を決定した。この運動は戦時下に至るまで続くこととなった。農村経済更生運動とは、恐慌対策を直接の目的としながら、実際には「農村の経済から社会にいたる仕組みをひろく改変し、農村の新しい組織化をめざした政策」であったとされる。この運

動は役場、農会、産業組合、小学校の4つの団体を運動推進のための主要団体として、またそれぞれの長を中心的な推進役として位置づけていた。各団体はそれぞれ、役場は運動全体の統括、農会は農業指導、産業組合は流通の組織化、小学校は村民の強化を担当した（大門 1994：304）。このように、政府は農村の諸団体を連携させ、農村経済を更生させようと試みたのである。

　農林省経済更生部編『農村経済更生特別助成村に於ける中心人物調（上・下）』（1935 年 8 月）[1] に基づく分析を行った大門正克によれば、この農村経済更生運動により農村の経済的・社会的組織化が進み、「産業組合―農事実行組合による流通の組織化と農会による農業経営改善事業」が進展したとされる（大門 1994：306）。たとえば長野県南安曇郡温村の産業組合の場合、元来は信用と購買の二種組合として出発したのであるが、1934 年に販売事業が、1935 年に利用事業が開始されたことにより、信用購買と合わせて四種兼営の産業組合となった。産業組合への農家加入率も上昇し、温産業組合は「全村民の中心的な経済機関」になったとされる。こうした組織化の成功の背景には、全国連―県連―産業組合という全国レベルから市町村レベルへの産業組合の系統化の進展と、政府の保護によって、組合員に対して価格・利子・施設などにおいて好条件を保証できるようになったことがあるとされる。このような取り組みの結果、温村では産業組合の利用に自小作中農層は熱心になり、小作層も直接・間接的に参加するようになった。自作地主はそこまで積極的に参加したわけではなかったが、恐慌下で産業組合との結びつきを強めることとなったという（大門 1994：326-332）。温村の場合には、1935 年にそれまで存在していた農家小組合を農事実行組合へと改組することが始まり、1937 年には村内の全戸を含む 40 の農事実行組合が成立し、産業組合に加入した。この農事実行組合を媒介として、行政村と部落を結ぶ 2 つの系列（村会協議会―部落協議会と村常会―部落常会）がつながり、円滑に運営されるようになったという。また、この農村経済更生運動においては農事実行組合が、(1) 産業組合 4 事業（利用・購買・販売・信用）の徹底、(2) 産業組合に参加

---

　1 ）武田勉＝楠本雅弘編『農山漁村経済更生運動史料集成　第 6 巻』（柏書房、1985 年）に収録。

できない貧農の農事実行組合への加入による間接的な産業組合への加入、(3) 農業経営の部分的共同化の進展、(4) 部落協議会の機能の一部吸収・代行と生活面・政治面での組織化への貢献、といった機能を果たしたとされる（大門 1994：338-341）。さらに 1933 年頃から、系統全体の運動として、産業組合青年連盟が登場し、農村内対立の否定と、反都市イデオロギーを前面に押し出した運動をしたとされる（大門 1994：263-264）。また、山梨県落合村のように、こうした農村経済更生運動の勃興に前後して、農民組合の解散や農民運動の終焉が見られたケースもあったとされる（大門 1994：292-294）。かくのごとく、経済更生運動を契機として産業組合による農業者の組織化が進展し、また農村における団体間の連携も試みられたのである。

　この農村経済更生運動に関しては、先行研究では権威主義的な体制をつくるための上からの組織化であるととらえられていたが、2000 年代に入ってから、農業者や農村居住者による主体的な参加を重視する研究も現れた。代表的な研究が、福島県耶麻郡関柴村（現・福島県喜多方市関柴町）を事例として、農村経済更生運動などの国家による農村政策と、農村共同体によるその受容と変化を分析した Smith（2001）である。彼によれば、農村経済更生運動に農業者・農村居住者が参加したことにより、国家体制への抵抗感が薄れその距離が縮まり、その後に来る戦時動員への抵抗感を減少させることに貢献していた、とされる。「より強い農業団体、より効率的な農法の実践や、資格のある農業者への高度な研修など、更生の中の近代的な要素は、多くの農村居住者にとって、全て有益な前進であった。（中略）様々な面において、更生の近代的な理念や実践が、総力戦のために動員をする国家のそれと、縫い目なく融合していたのである」（Smith 2001：18）。その結果、農村居住者側の変化も見られた。「更生運動によって、関柴の住民は、自身の労働や生産活動を、合理的な行動と勤勉さが繁栄の前提となるような、より大きな共同体全体の、そして究極的には国家的な努力の一環として捉えるようになったのである」（Smith 2001：334）。

　Smith の述べるように、経済更生運動の実施とそれへの農業者・農村居住者の参加によって、その後の 1930 年代後半から始まる戦時動員に農業者・

農村居住者が抵抗感なく協力するようになったという側面は否定できないと考えられる。この意味で、経済更生運動は農業者・農村居住者の行動様式にも影響を与えたと考えられ、その自発的な国家への協力を引き出したのである。さらにその戦後への継続性を見出している点において、市民社会における Kage（2010）の分析と共通のものが見られると言って良いであろう。すなわち、戦時中に国家によって戦争遂行のために行われた運動の経験が、戦後の農業者の自律的な運動へと継承される、という示唆が得られる。次章以降では、主に制度面の継承について分析されるが、Smith が指摘したこの農業者の自律性も、戦時中に負うものがあると考えられ、それは制度の継承とある意味でタンデムとなって戦後の農村社会のダイナミズムを形作るものとなったと考えられる。このように、農業者・農村居住者の側に運動への参画という経験ができたことに関しては、農業者組織の戦後への継承に、肯定的な影響を与えたと思われる。

　しかし一方で、仮に彼が述べるように農業者の側の自主的な行動が見られたとしても、これは政府によって発案されたプログラムの中における自発的な行動であり、その目的は国家による戦争の遂行であったということは留意されるべきであろう。農業者・農村居住者の自律性は、あくまでも、国家による目標を定められた範囲内という制限がかかったものだったからである。この意味で、戦前・戦中期の農業者の自主性はかなり制限されたものであり、国家のための上からの組織化という側面が大きかったと考えられる。

　1940 年には、農会法が改正され、国家による農会への統制が強まり、統制機関としての色彩を帯びるようになった。主な改正点は、「従来農会のなすべき事業を『農業の指導奨励』から『農業の指導奨励及統制』へと変化させること、『行政官庁必要と認むるときは』『統制に関する施設』に関する命令を農会に対して発しうること、行政官庁は市町村農会の会員に対して『統制』に従うように命令しうること、そして、市町村区域内に存在する各種農事実行組合を市町村農会に加入しうるようにしたこと」と「命令に違反した会員に対する罰金規定」であったとされる（松田 2012：313-314）。こうした案に対して、提出された第 75 回帝国議会では、統制の範囲や行政官庁によ

る命令の必要性を中心に議論がなされた。たとえばのちに農林大臣になる河野一郎は、命令規定は不要であると主張し、行政官庁の統制が強まり農会の自主性が失われることへの懸念を述べたが、こうした批判を押し切る形で、法案は可決された（松田 2012：315-317）。

　しかし、このように農会に対する政府の干渉を強めても、既存の団体を活用して統制を行うことには、不都合が生じていた（松田 2012：327）。強制加入団体の行った経済活動の損失の責任の引き受け手や、農会以外の養蚕・畜産・林業の団体の生産指導による農家の経営指導の統一性の問題があり、また販売事業に関する産業組合系統と系統農会販売斡旋事業の連立による問題や、郡農会の必要性に関する疑問もあり、生産計画の効率的な実行のため部落農会の町村農会の下への系列化も議論されていた（松田 2012：327）。

　このような問題点を解決するために、新しい農業団体を設立し、統一的な役割を担わせるという議論が発生した。松田（2012）によれば、農業団体の統制・統合は、1920 年代終わりの恐慌期から議論はされていたことではあった。産業組合も農会に取り込む、という議論も存在した。帝国農会幹部の東浦庄治は、分裂的な農業団体の指導の有効性の問題を指摘し、統一化された農業団体の設立を主張した。また、農林官僚の重政誠之は、「農産物の需給を人為的に調節するという意味での『統制経済化』を強く意識したプランを打ち出し」た。彼の構想では、農林省内に農業統制局、道府県に地方農業統制局を設置し、生産統制部、販売統制部、金融統制部、情報部の四部を置き、生産割当制の導入や、「販売統制においても、政府、産業組合中央金庫、販売組合の出資からなる農産物販売会社を新設し、出荷数量や販売価格についての統制を行う」ことを提案していた（松田 2012：327-331）。

　1935 年 1 月には、「農山漁村経済更生促進」のための連絡協調を目的として、帝国農会、産業組合中央会、全国養蚕組合連合会、中央畜産会、全国山林連合会、帝国水産会、農村更生協会の 7 団体により、経済更生中央協議会が結成された。1936 年 12 月には、「会員相互の親睦連絡、農山漁村の更生振興並に農林漁業の改良発達を図り以て農山漁村の国家的職能の強化を期す」ために中央農林協議会へと発展し、加盟団体も 25 団体に達した。これ

により、「農林漁業に関する主要な中央団体はほとんど網羅し、農林水産業に関する中央諸団体の連絡はここに一応完成された」とされる（農林省農政局［1951］1979：23-24）。こうして農業団体統合を目指す議論が活発化する中、1938年9月に昭和研究会によって『農業団体統制試案』が発表された。その内容は、以下のとおりである。まず、既存の全ての農業団体を再編し、一元化する。「日本農業聯盟—府県農業聯盟—市町村農業組合—部落組合」と、全国—府県—市町村—部落の4段階で系統化された新団体を設立し、農会や産業組合を含む、既存の農業関連団体を全て合流させ、「金融、販売購買に関する全国団体は別個設置する」。その上で、「農業に関する統制」「利益代表」「総合的指導」「経済行為実行」の諸機能を、この新しい1つの団体に担わせる、というものであった。帝国農会、産業組合、農林官僚など農政関係者からは、おおむね好意的な反応を受けた（松田2012：331-333）。

　さらに、1939年から40年にかけ、食糧事情の改善が喫緊の課題となる中で第二次近衛文麿内閣が成立し、農業団体統合に向け有馬頼寧を中心に、1940年8月28日に新体制準備委員会の第一回総会が開かれ、農業団体側からは産業組合の千石興太郎が出席した（松田2012：333-334）。松田（2012）では、有馬と同郷で有馬農村問題研究所の所員であった豊福保次の文章である、1939年3月の『改造』に掲載された「国内体制強化と農業団体」という論考から、農業団体統合の理論的背景を分析している。この論考では、職能団体としての農業団体の意義とその公共性が強調され、「『経済更生運動が農山漁家の経済生活の恒久的安定を目的』としているのに対し、『非常時局下における農村国策の遂行に重点を置いたところに、国内体制の強化の観点から農業団体の統制を刺激する』目的があるのだとされた」ことに着目している（松田2012：334）。このように、この議論における新農業団体は、経済更生運動における統合を目指す運動よりも一段階進んだものであり、その目的は経済状態の改善よりも、政府の国策遂行に置かれていた。ここでは新農業団体は、経済団体としてよりもその国家体制に貢献するものとして、公共性を帯びた団体として考えられていたのである。

　新農業団体に関する具体的な統合プランは、中央農林協議会に設置された

新体制委員会において、10 の農業団体（帝国農会、帝国耕地協会、産業組合中央会、全国漁業組合連合会、全国購買組合連合会、産業組合中央金庫、全国養蚕業組合連合会、全国山林組合連合会、中央畜産会、農村更生協会）から代表された委員をとおして議論された。第 1 回委員会は 1940 年 8 月 27 日に開かれ、9 月 9 日の第 4 回委員会で「農業新体制基本綱領」を作成し、さらに 9 月 17 日の第 6 回委員会で「農林漁業団体統要綱」を決定し、理事会での決定を経て農林大臣に提出した。この要綱では、全国レベルでは農林漁業中央会・全国農林経済連合会・全国漁業組合連合会・農林漁業中央金庫の四本立てとし、経済連合会と中央金庫は中央会に加入してその指導・統制を受けるものとされ、道府県における指導・統制と農林経済事業との合併による一本化、などを含んでいた。石黒忠篤農林大臣は 9 月 25 日に中央農林協議会理事を官邸に招き、各理事の意見を聞き、翌年夏までには団体の統合を実現したいと述べた。さらにその後、農林省側でも検討を重ね、11 月 27 日に農林計画委員会団体部会を招集し、検討内容を幹事私案として発表した。この私案が中央農林協議会の案と異なる点としては、全国レベルでは指導・統制と経済事業が統合されていること、産業組合中央金庫は中央会に加入せず独立性・独自性を保っていること、部落団体を強制加入させること、などが挙げられる。しかし、産業組合関係団体からは、経済事業の独立性が失われることに対する不満が表明された。その後、農林計画委員会団体部会において特別委員会を設け、政府と関係団体の意見を調整して原案を作ることになったものの、上記のような産業組合側からの意見に加えて、内務省側からも部落団体の取り扱いやその他農業団体と地方公共団体との関係などに関して強硬な意見が出され協議は難航した。新農業団体の郡の支部組織に関して支部長は市町村団体が選ぶことや、支部の組織運営については従来の特殊性を尊重することなどを述べた付帯決議を盛り込むなどして、小委員会案として成案を得た。しかし、この成案に対しても関係団体や内務省からの強硬な反対論が収まらなかった。政府は、「国際情勢の緊迫化」を理由に、反対が見込まれる法案は議会に提出しないことを、1941 年 1 月 22 日に閣議決定した。石黒農林大臣も 1 月 27 日に農林計画委員会団体部会を招集してこれを明らかにし、団

体の統合は見送られることとなった（農林省農政局［1951］1979：32-38）。

　農林省と内務省の対立の要因の1つとして挙げられるのが、部落という共同体をどちらの省の管轄下に置くか、という点について両者が争ったことである。すなわち、分裂した農業諸団体の統合は、市町村という地方公共団体との関係性を微妙なものにする可能性を含んでいた。内務省にとって、農業団体が統合されて全国―道府県―市町村と縦のラインでつながり系統的な農業団体となった場合、内務省―道府県―市町村という地方行政機構のラインと競合する可能性があった。ゆえに内務省は、新農業団体の系統性をなくし、地方公共団体とつなげ、地方行政機構を通じて農林行政に関与する意向を示したとされる。1938年5月に第一次近衛内閣が地方制度調査会に付議した内務省地方局原案の「農村自治制度改革案要綱」では、それまでの内務省の方針とは異なり、部落を市町村の下位の行政単位として認め整備し、さらに町村会の構成に農会長や産業組合長などの団体代表を議員とする「職能代表制を加味」するなど、農業団体を内務省管轄下に置き、農林漁業団体を市町村へと包括する意図があったとされ、農林省や農業諸団体からの反発を招いた（農林省農政局［1951］1979：38-41）。また議論の発展につれて、農業団体と町村長の兼任や、地方庁の指揮監督についても意見対立が見られた（農林省農政局［1951］1979：52-53）。このように、農業団体の統合と系統化を進めたい農林省と農業団体と、内務省との間には対立があり、それが農業団体の統合を遅らせたのである。

　このように団体統合は頓挫したが、農業における協力体制の構築を目的として、1941年4月18日に中央農業協力会が設立された。中央農業協力会の目的は、その会員の行う事業の指導統制、農業部門における意見の代表、そして重要農業政策に関する政府への協力であるとされた。帝国農会・産業組合中央会・全購販連・帝国畜産会・全国養蚕業組合連合会・茶業組合中央会議所（のちに加盟）・産業組合中央金庫の7団体から構成され、その他の団体も準会員として参加可能であった。5月3日には、中央農業協力会の結成式が農相官邸で行われ、綱領と決議を可決した。綱領では、「農業団体の国家的使命を完遂して以て高度国防国家体制の完成に邁進せんとす」「農業団体

相互の連繋を固くし全農民をして農民道の神髄を発揮せしめ以て綜合的活動の徹底を期す」「各その職分に従い全系統組織の総力を動員し以て責務を全うせんことを期す」としており、また決議では「我等は肇国の精神に則り綱領の本義を体し協心戮力職分奉公の誠を致し全員一体農業報告の実を挙げ以て高度国防国家体制の完成に挺身せんことを期す」としていた（農林省農政局［1951］1979：42-44）。このように、農業団体の協力体制の構築は、戦争遂行のためという目的がはっきりしており、またその目的も戦時下という時代性を多分に帯びたものとなっていた。

　その後、中央農業協力会は政府との協議を経て、「戦時食糧増産完遂上部落農業団体に関する実践要綱」、「地方農業協力体制要綱」を決定し、部落レベルでの組織化や地方（道府県・市町村）レベルでの団体統合やそのための法整備を目指す意図を明確化した。さらに9月18日の理事会で「農業団体統制に関する事項」を決定し、農林大臣に申達した。この中では農業諸団体を、中央においては指導統制・経済・金融の3団体に統合し、地方においても道府県と市町村ごとに団体を統合して地域別単一団体を組織すること、さらに部落農業団体を市町村農業団体の構成体とすること、などを求めていた。これを受け政府は11月27日に農林計画委員会農林水産団体部会を開催し、「農業団体統制要綱」を参考案として提出し、部会は「適切なる団体統合の速なる実施を希望す」との決議を付してこれを承認した。この要綱によれば、中央農業協力会を構成する7団体とその系統組織を整理統合し、中央は指導統制・経済・金融の3団体の並立とし、道府県および市町村レベルでは単一団体に統合することとした。また、市町村団体は部落団体および農業者によって組織されることとされた（農林省農政局［1951］1979：44-51）。

　しかし、12月8日の太平洋戦争の開戦により、先行きは再び不透明となった。12月25日に政府は、直接戦争に関係しない法案は議会に提出しないことを閣議決定した。農業団体統合に関する法案もこれに含まれ、中央農業協力会はこれを覆すために首相、農林大臣、企画院総裁への陳情を行ったが、閣議決定のとおり議会への提出は延期された。中央農業協力会は政府に協力しつつ議論の再開の時機を見計らい、1942年8月2日の理事会で農業団体

統制要綱の実現を図ることを政府に要望し、さらに 10 月 12 日には「系統団体の指導統制の機能を十分発揮させる為上級団体長が下級団体長を任命する等の方式を採用すること」「町村長の農業団体長兼任制に付ては町村長が事実上適任者たる場合当該町村農業団体長となるのは毫も支障ないが法制上町村長が当該町村の農業団体長となる制度は認めないこと」「農業実行組合、養蚕実行組合に付ては少くとも現在の制度を存置すること」の 3 点を申し合わせ政府に要望した（農林省農政局［1951］1979：51-52）。このように、中央農業協力会としては団体統合を引き続き目指し、さらにその系統性の確保と、市町村を中心とした地方行政制度への統合の回避を目指していた。

　上述のように、農林省と内務省の間には新農業団体と地方行政制度との管轄範囲をめぐる意見の相違があった。これを調整するため、翼賛政治会は農林内務連合小委員会を設け、1942 年 11 月 11 日に「農業団体整備案」を得た。これによれば、「団体の理事者は原則として団体の推薦に基き行政官庁の命令または認可により選任する制をとり、中央地方の各団体は国家の産業行政の指導方針に即応して適切な運営をなし得ることとすること」「農業団体の活動は町村諸般の行政と密接な関係あるに鑑み団体長は町村長をして兼ねさせるを適当とするが当該町村の実情が許さない時は別途に適当な措置を講ずること」と結論づけており、これはやや内務省の主張に近いものであった。その後、閣議で「農業団体統合法案要綱」が決定された。この要綱では、市町村農業団体の構成員から部落農業団体が除外され、この形で農林省と内務省の間の調整が図られた。要綱では中央農業会・全国農業経済会・道府県農業会および市町村農業会を設立することとされ、「目的及び事業」においては、「農業団体は農業に関する国策の協力機関とし、中央農業会は農業の整備発達を図るため必要なる指導事業を、全国農業経済会は経済事業を行い、道府県農業会及び市町村農業会は指導事業及び経済事業を併せ行うものとする」とされた。この要綱を基に条文が整備されたものが農業団体法案として第 81 回帝国議会に提出され、1943 年 3 月 1 日に成立した（農林省農政局［1951］1979：53-55）。結果として、市町村から上のレベルではある程度農業団体の地方行政制度からの自立性を保ったものの、部落レベルでは農業団体は内務

第 1 章　戦前・戦時・戦後日本の農業者組織の概観

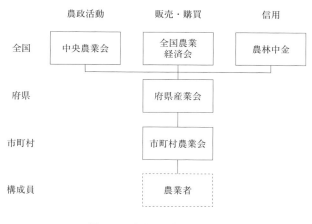

図 1-2　戦時中の農業者組織

省の管轄下に置かれ、かつ上意下達の性質のはっきりとした新しい農業団体が誕生することとなった[2]。

　農業団体法は 1943 年 9 月 15 日に施行され、9 月 27 日には中央農業会設立総会が開かれ、9 月 30 日に帝国農会は解散された。図 1-2 は、こうして成立した農業会の組織の概略を表したものである。全国レベルでは事業別に 3 つの団体に分かれており、府県レベルおよび市町村レベルでは事業を兼ねる単一の農業会として統合され、その下に農業者が一元的に組織化されるようになった。

　第 81 回帝国議会における農業団体法の成立に関しても、上述の豊福保次の議論と同様に、それを支える理論として戦時下における国家統制の一員として農業団体が果たすべき役割が強く意識されたものとなった。古郡節夫は、

2）松田は、町村長と市町村農会長を兼ねるか否か、農業統制を内務行政の一環として扱うか、農業団体の自主的な活動によって行うか、部落の法制化に伴って部落レベルの農業団体を部落に吸収するか、といった点における内務省と農林省との意見対立が成立の遅れに影響したことを指摘した上で、成立した法案を全体としてとらえれば、系統農会の廃止により、再び農業団体が内務行政の影響下に置かれることとなった、と評価している（松田 2012：336-340）。

47

農業会を成立させるための農業団体法の立法にかかわった農務官僚の一人であるが、満川元親によれば、古郡は同法の解説書でこう説明する。「誠に今や皇国未曾有の危急存亡の秋である。今こそ一億が武装総蹶起すべき時が来たのである。（中略）ことに我が国農業、農村、農家に課せられたる戦力増強の一翼たる食糧其の他主要農産物の生産増強の基盤として、皇国将兵の給源基地としての使命今日程重且つ大となりたる時はないのである。（中略）速かに農業団体はその機構の再編成を完了し、農業の職能団体として、農村団体としての使命達成に邁進し、以て農民をして農民兵たらしめ、農村の総蹶起に応ずべきである」（満川 1972：97-98）。古郡の説明を踏まえれば、この戦時組織を、農村労働力を統合させるために設立し、効率的に戦争を戦おうとしたという政府の狙いが明らかとなる。このようにして、日本の多様な農業者は、地主から小作農まで、1つの組織の下に組織化されることとなった。そして農会や産業組合と同様に、農業会もまた政府主導で設立された、国家の農業政策に貢献することが期待された団体だったと言えよう。

　ここで、新しく設立された農業会の各事業を概観したい。中央農業会の事業は、「農業に関する国策」への即応、「農業の整備発達」、「重要農産物の生産力」の維持増強、指導統制事業であった。とりわけ食糧の増産が重要視され、「土地改良事業」や「不足する資材労力」の活用などが重点的に取り組まれた。また団体の統合は中央から始まり、地方は後から行われたため、中央農業会の設立と府県農業会や市町村農業会の結成との間には時間差が生じた（農林省農政局［1951］1979：71-73）。

　全国農業経済会は、産業組合法に基づく全購販連を改組した形となった（農林省農政局［1951］1979：85）。こちらも団体統合は第一に全国団体、第二に地方団体という順番で行われた（農林省農政局［1951］1979：91）。事業運営の基本目標は「1　食糧増産の完遂」「2　主要農林産物の出荷供出」「3　農村厚生の推進」であるとされていた（農林省農政局［1951］1979：94）。戦時中は農産物などの輸送にも困難が生じたため、小運送業者に協力するために「農村輸送協力隊」を組織し、輸送のために農業者の労力と農耕用の輸送器具を動員するなどの活動を行った（農林省農政局［1951］1979：101-102）。

航空機用燃料のひっ迫に際しては、液体燃料部を設置して松根油の採取に取り組むなど、その活動は戦時下の窮乏を反映したものとなり、中央農業会とともに戦争末期には農村労力の不足への対応にもあたった（農林省農政局［1951］1979：105-106）。

農林中央金庫は、農業団体法の施行に伴って産業組合中央金庫から改称され、同時に産業組合以外の農林漁業諸団体の加入により「農林漁業の中央金融機関」となった。1942年の金融統制団体令の施行により誕生した全国金融統制会に組合金融を代表して参加し、組合金融において成立した組合金融統制会の中心となり、農林中央金庫の理事長が統制会理事長を兼務するなど、金融業界や組合金融における組織化も進み、農林中央金庫はその中心となった（農林省農政局［1951］1979：107-112）。

その後戦局は展開し、1945年春に沖縄戦が始まって以来、様々な分野で軍隊に倣った組織化を行う「生産軍体制」の確立が求められ、それは農業分野においても例外ではなかった。農業団体組織の強化のための中央農業会と全国農業経済会の統合が主張され、法的措置を待たずに6月1日に実質的に両団体は統合された。その後国家総動員法第18条に基づく勅令「戦時農業団令」に基づき、法的な位置づけが与えられた。6月29日に「戦時農業団令」が閣議決定され、7月7日に勅令および省令が公布され、即日施行された。1943年成立の農業会と異なる点は、都道府県農業会は自発的な組織ではなく、勅令により「戦時農業団設立」を命じられた点であり、かつ総裁・副総裁は農商大臣が任命した。また、全国農業経済会には市町村農業会・単位産業組合および同連合会の加入が認められていたのに対して、戦時農業団の会員は都道府県農業会のみであった。戦時農業団は、食糧増産、松根油増産、戦時繊維増産などの事業に従事した（農林省農政局［1951］1979：113-116，120-125）。このように、戦時農業団の成立に従ってさらに統制色は強くなり、またその組織系統も整備され、複線性が排された効率的なものとなった。

当時の農業者の割合を見ると、統一のための機会として戦時動員がいかに重要であったかが理解できる。図1-3は日本の全労働者に占める農業労働者の割合を1920年から2000年まで示したものである。農業会が設立される直

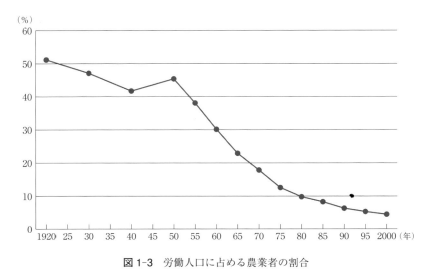

図 1-3　労働人口に占める農業者の割合

出典：国勢調査。「【参考】産業（旧大分類），男女別 15 歳以上就業者数―全国（大正 9 年～平成 12 年）」による。
https://www.e-stat.go.jp/stat-search/files?page=1&layout=datalist&toukei=00200521&tstat=000001011777
&cycle=0&tclass1=000001011807&result_page=1&second=1&second2=1

　前の 1940 年には、40％以上の労働者が農業者であった。序論でも述べたとおり、圧力団体は、集合行為による潜在的利益の受益者が多いほど、組織化が困難になる。通常、そのような巨大な団体を自発的に組織するには、資金、人的資源、参加のための誘因、政治的企業家、活動場所など、様々なコストや便益の提供が必要となる。しかし、戦時統制下では、大きな農業者人口の存在にもかかわらず、政府によって 1 つの頂上団体下に組織化されることとなった。序章で取り上げた Olson の議論に基づけば、ここでは加入を強制することにより、集合行為問題を解消したのである。集合行為問題が発生しやすい時期に組織化が進んだことにより、戦時動員は戦後の農業者による政治活動の前提となる組織化に貢献する、重要な機会を提供することとなった。次章以降では継承された組織が、戦時統制という制限が外れた状態で、どのような自律的な動きを示していくのかが分析される。

　以上、本節では 1920 年代末から、農会と産業組合を中心とする農業団体

間の連携・協調が政府によって試みられ、戦時期に統一の農業者団体である農業会へと統合されていく過程を分析した。1920年代末の昭和恐慌の深刻化に対応するために政府によって推進された農村経済更生運動により、農会や産業組合をはじめとする、農村における農業団体間の連携が進んだ。並行して、農業団体に対する国家の影響力の強化や、その統合が議論された。その目的として、農村の困窮の解消という視点は消えてはいないものの、それよりも国家への貢献や食糧の供出などといった国策遂行という側面が強調されていた。農業団体の統合は、農林省と、市町村との競合を恐れる内務省との意見調整に手間取ったものの、中央農業協力会などの団体間や国家との協力体制の構築を経て、1943年に統合された農業団体として農業会が設立された。さらに国家主導の農業者組織化という側面がその後はより強くなり、1945年の戦時農業団は勅令により設立された。当時の農業人口の割合の大きさと、戦後のその減少を考え合わせると、戦時中における単一の頂上団体の下への農業者の組織化は、戦後の農業者組織に肯定的な影響を及ぼしたと考えられるのである。

第3節　戦後の農業者組織とその維持

　前節では戦時期までの農業団体のあり方を分析し、戦時期に1つの頂上団体の下に農業者が組織化されたことを確認した。本節では、戦後の農業者団体のあり方とその組織維持を概観し、戦時中に設立された組織制度が、基本的には戦後にも継承されたことと、その制度や組織率が高いまま維持されたことを示し、本書における次章以降の分析の問いを提示する。

　先述のように、農協グループは戦後の農業者団体として政治的影響力を行使してきたことは、広く認められているところである。農業者が1つの団体の下に組織化されたことと同様に重要なのは、農業会と同様に、農協グループは農政活動、金融、購買、販売という、戦前期には農会と産業組合という2つの団体に相互排他的に分担されていた4つの主要機能を、一括的に担当したことである。図1-4が示すように、市町村レベルの単位農協が、前述の

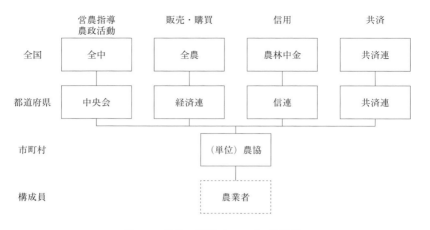

図1-4 戦後の農協グループの組織図
出典：神門（2006：89）を一部修正。

4つの機能を兼営し、都道府県レベルないし全国レベルの組織の指揮下にある。そして農政活動と指導事業を担う全国・都道府県レベルの組織である全国農業協同組合中央会（全中）と都道府県中央会は、下部組織のみならず他の事業を運営する同レベルの組織にも指導権限を持つ。農業会時代の強制加入は農協グループには引き継がれなかったが、実質上、各地域のほとんど全ての農業者を組織することとなった（神門 2006：第3章）。こうして、農協グループは根本的には農業会の組織制度を継承し、農業者が必要とする多様な事業を運営し、ほとんど全ての農業者を組織化することとなった。このように、戦時中に築かれた、各種事業を一手に引き受ける農業団体の組織制度は、農業会の組織制度をおおむね引き継ぐ形で農協グループがほとんど全ての日本の農業者を組織化したことにより、戦後に継承されていたのである。

しかし、組織を維持することは、組織を獲得することとは異なる話である。農業会時代の強制加入がなくなり、その構成員の忠誠心を引きつけるには、新しいメカニズムが必要であった。農業者数の減少を考えると、それは困難を極めることが予想される。前述のとおり、戦後、とりわけ高度成長以降における農業者人口の割合は急速に減少していく。しかし、農協グループはこ

うした困難にもかかわらず、その組織を維持することに成功した。図1-5と図1-6は順に、戦後20年間の農協の正組合員数と准組合員数の推移である。正組合員数は1950年以降一定水準を保ち、准組合員数は、とりわけ1960年代後半から大きく増加したことを示している。

また、図1-7は農協の正組合員戸数の推移のグラフに、日本の農家戸数をプロットしたものである。農協の場合、労働組合と異なり、組合員としての加入は各戸1名としている農協も多く、個人レベルでの組織率を算出することが難しいため、家庭単位での組合加入状況で組織率を測ることが妥当であると考えられる。農家戸数に占める組合員戸数の割合は、1955年、60年、65年でそれぞれ91％、84％、93％であり、日本の農家の多くが農協に加入している状況が続いたと言える。さらに、1970年代に入ると総農家数が正組合員戸数を下回る、逆転現象が見られる。これらのグラフから、農協グループはその戦時遺産を維持することに成功したことがわかる。

このような組織の維持は、いかに戦時動員による基盤があったとはいえ、容易なものではない。日本の労働組合は、戦前の制度の戦後への継承が不確実であることを示す良い例の1つである。戦時中の日本の労働者は、農業者のように、産業報国会と呼ばれる1つの戦時組織の下に組織化された。しかし、その一体性は、社会党系の労働組合である日本労働組合総同盟（総同盟）と日本共産党（共産党）系の労働組合である全日本産業別労働組合会議（産別会議）の対立により、戦後続くことはなかった。すなわち、「産別指導の左派路線」と、「総同盟指導の社会民主主義的コーポラティスト路線」との2つの路線の対立である。前者がゼネスト決行、吉田内閣打倒、人民民主主義政府樹立といった共産党の方針が反映された活動方針をとっていたのに対し、後者は労使協同のコーポラティスト的な機構である経済復興会議の設立（1947年2月6日）に見られるように、全国レベルにおいても経済再建に積極的に関与することで影響力の行使に努めた。しかし産別会議による反対や議論の空転により、経済復興会議は実質的な運動を行うことができずに、1948年4月28日に解散することとなった。こうして労働運動を企業レベルから全国レベルへと引き上げる試みは、産別会議と総同盟の両者ともに、失敗し

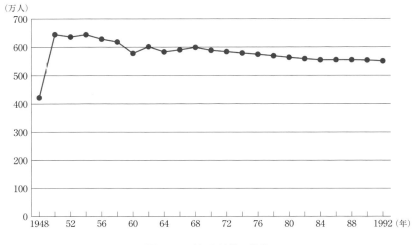

図 1-5 正組合員数の推移

出典：農業協同組合制度史編纂委員会（1969c：325，1997：259）。

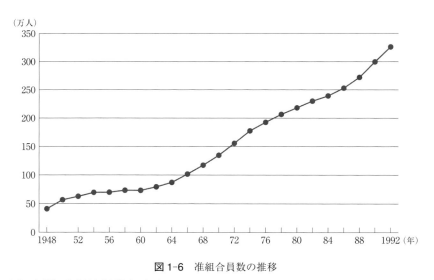

図 1-6 准組合員数の推移

出典：農業協同組合制度史編纂委員会（1969c：325，1997：259）。

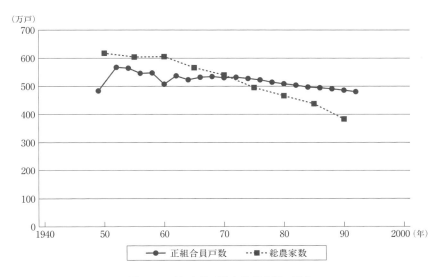

図 1-7　正組合員戸数と総農家数の推移

出典：農業協同組合制度史編纂委員会（1969c：325，1997：259）（組合員）、農林業センサス累年統計農業編・総農家数及び土地持ち非農家数（農家）。

たとされる（久米 1998：75-78，2005：146-58）。図 1-8 は、戦後の日本の労働組合の組織率の変遷を示したグラフである。終戦直後の 1949 年には 56％であった組織率は、その後急落を見せ、50 年代後半以降は 30％台半ばで推移するようになった。

　ペンペルと恒川惠市は、日本の政治経済体制をコーポラティズムの観点から分析した論考の中で、他部門と比較した際の日本の労働組合の例外的な弱さを指摘している。この論考では、シュミッターのコーポラティズムの定義であるところの、「コーポラティズムとは、次のような 1 つの利益代表システムとして定義できる。すなわち、そのシステムでは、構成単位は、単一性、義務的加入、非競争性、階統的秩序、そして職能別の分化といった属性をもつ、一定数のカテゴリーに組織されており、国家によって（創設されるのでないとしても）許可され承認され、さらに自己の指導者の選出や要求や支持の表明に対する一定の統制を認めることと交換に、個々のカテゴリー内での協

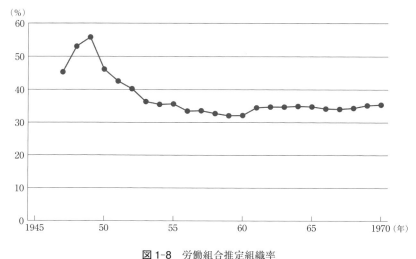

図 1-8 労働組合推定組織率

出典：独立行政法人労働政策研究・研修機構。http://www.jil.go.jp/kokunai/statistics/timeseries/html/g0701_01.html

議相手としての独占的代表権を与えられるのである」(Schmitter 1974)[3]という観点に基づき、日本における「個々の社会部門」におけるコーポラティズム的な傾向を分析する。小企業や農業部門が戦前から、そして大企業も戦後になってある種の国家からの統制を受け入れることと引き換えに、政策における影響力を確保した一方で、労働部門は戦前から戦後を通じて影響力を持ち得なかったとされる。この原因として、戦前における国家からの弾圧、選挙や議会を通じた影響力発揮における失敗、企業別組合や協調会の結成などの使用者・国家による先取りがあったことを述べる。終戦直後には社会党を首班とする政権の誕生や、労働者組織率の上昇などの好条件が重なるものの、その社会党首班政権が不安定な政治的連合に依拠していたこと、労働組合の頂上団体が総同盟と産別会議とに二分され、とりわけ後者が経済界に対して強硬な態度をとり続けたこと、アメリカ国内や国際的な状況に影響され、ア

---

3) 日本語訳はシュミッター (1980：34) に依拠した。

メリカの政策が保守的な企業寄りの経済的安定重視の傾向を見せていたこと、といった要因に影響されて、その掌握した権力の制度化や、公的な政策形成過程に関する機構への浸透ができなかったとされる。このように終戦直後に開かれた可能性を実現することができず、戦後日本の労働組合はその弱い政治力が顕著となり、日本の政治経済体制は「労働なきコーポラティズム」となったとされる（Pempel and Tsunekawa 1979）。労働組合は戦前期には労働者の組織化に苦慮したものの、少なくとも終戦直後にはその組織の繁栄と政治的影響力の確保に関して可能性を示した時期があったとされることは、終戦直後の農業者の組織化を重要な契機としてとらえる本書の関心を補強するものであると考えられる。一方で、戦前・戦時期における国家による農業者の組織化も、必ずしもペンペルと恒川が述べるように順調だったわけではなく、内務省と農務省の対立や低い産業組合の組織率など、戦時体制の成立までには紆余曲折があったことは本章ですでに述べたとおりであり、この意味でも本書が取り上げる農業者の組織化というトピックは、より詳細な分析をする価値があると考えられる。

　農業者の政治的組織化が、労働者とは対照的な経路をたどったのはなぜか。背景には、食糧管理制度に代表される、農協グループの食糧生産における独占的地位、ないし各種事業の兼営があったことは、既存研究で指摘されるとおりである（神門 2006：第3章；本間 2014：82-88）。また、前近代的な農村共同体に支えられた官僚制機構という否定的な評価もある。石田（1961）によれば、農協は、近代的な制度である団体組織と、従来的な秩序である部落との「結節点」として機能しており、とりわけ単位農協の役員がその両者を兼ね備えた指導者として振る舞うことで、圧力団体として以外の側面をもって活動している（そしてそれは日本の圧力団体に共通して見られる特質である）と、批判的に捉えている。この議論においては、農協グループにおける、国家への従属性などの組織の自律性の乏しさや、その機構の官僚的性格や官僚からの影響力が強調され、「政策浸透団体」としての側面が分析されることとなる。一方で、労働組合の事例からもわかるように、組織の維持が自明でないことを考えれば、仮にそのような独占的地位を農協グループ自身がどのよう

にして作り出し、維持していこうと努力したのか、その戦略に関しても分析
されるべきであると考えられる。さらには、農協グループがその構成員たる
組合員の忠誠をどのようにして維持したのかという点に関しても、分析が必
要であろう。もちろん先行研究が指摘してきたような所与の特権的地位が農
協グループに一定程度存在することは否定されるものではないが、本書では、
従来こうした側面にのみ焦点が当たっていたことを踏まえ、それ以外の側面、
すなわち農協グループの、戦後の民主化における新たな圧力団体としての活
動や、政府・与党との対立点、そして団体を構成する組合員の忠誠を獲得す
る方策などに焦点を当てる。その意味で本書は、農協グループの国家からの
自律性については石田雄らと見解を異にするものである[4]。

　以上、本節では、戦後の農業者団体である農協グループの組織制度と、戦
時中の農業会の制度を比較し、都道府県レベルの組織が事業別になったとい
う相違点はあるものの、各事業を兼営した市町村レベルの農業団体の下に農
業者が一元的に組織化されるという部分を継承したことを確認し、明治・大
正期の農業会と産業組合の並立という時代と比較して、農業者の一元的な組
織化が維持されたことを明らかにした。このようにして成立した農協グルー
プは、農業者人口が減少する中で戦後長い期間にわたり、正組合員数の大幅
な減少を防ぎ、准組合員数の増加を見、正組合員戸数が総農家数を上回るな
ど、その組織をよく維持していき、労働組合が組織率を低下させていったの
とは対照的な展開をたどった。さらに、その原因に関して、先行研究では説
明しきれない部分があることを指摘した。

第4節　小括

　本章では、戦前から戦時中、戦後にかけての農業者団体の組織を概観し、
戦後の農業者の組織化についてデータを提示した。その結果、以下の状況が
明らかとなった。第一に、戦前期の日本の農業者は、農会と産業組合という、

　4）他方で外形的な組織制度のみならず、その内的な活動原理にも着目するという点で
　　は、石田と共通する。

２つの大きな農業団体の下に分かれて組織化されていた。この２つの農業団体の間には、連携はあったものの、その活動目的や構成母体は大きく異なっていた。また、その組織化は、それまで自生的に存在していた組織を活用しつつも、基本的には食糧増産という国策のための手段として図られたということも指摘できよう。第二に、分立していた農業団体は、1920年代終わり頃からその統合が議論され始め、戦時中の1943年に農業会（その後、戦時農業団）という１つの団体に統合され、全ての農業者がその下に組織されることとなった。こうした統合の背景にあったのは戦争遂行のための食糧供出問題であり、戦前期と同様に、国家の政策のために農業者が組織化されることとなった。第三に、戦時中の組織は、戦後にも受け継がれ、日本の農業者は１つの頂上団体の下に組織化されることとなった。また、その組織はよく維持され、戦後日本の農協グループによる農業者の組織率は高いまま続いた。正組合員数の維持や、准組合員数の上昇がみられた。1950年前後をピークとして組織率の低下した労働組合と比較すると、その組織率の維持は自明ではなかったことも明らかとなった。

　それでは、戦時中の組織化は、どのようにして戦後に継承されたのだろうか。そこにどのような困難があり、それはどのように克服されていったのか。第２章では、まず終戦直後に焦点を当て、戦時組織の戦後への継承の過程を分析する。

第2章

戦時組織の戦後への継承

　前章では、戦前から戦後にかけての日本の農業者団体の組織を概観した。本章では、終戦直後に焦点を当て、戦時中に政府によって設立された統制団体である農業会の組織構造が、戦後の農協グループへとどのような過程を経て継承されたのかを分析する。第一に、戦後フランスと韓国の農業団体と政府との関係性を分析し、政府との密接な関係性によって、むしろ政府からの独立性が失われ、組織への国家介入を許す傾向にあったこと、そして日本の農協グループはそれらの事例と比較して、自律性を保っていたことを確認する。第二に、終戦直後の GHQ が農業会についてどのように認識していたのかを、GHQ 側の資料に基づき明らかにする。第三に、GHQ と農林官僚との間の農業団体をめぐる議論から、それぞれのアクターが望ましい戦後日本の農業団体をどのように構想していたのかを分析するとともに、GHQ の計画どおりの姿にはならなかったことを確認する。第四に、農業会や農民組合を中心とした農業団体から構成された、組織横断的な会議である農業復興会議に着目し、農業会と農民組合との間の関係性と、それが農業団体のあり方をめぐる議論に及ぼした影響を考察する。第五に、このようにして誕生した農業協同組合は、単位組合レベル（市町村レベル）では実際にどのようにして運営されていたのかを分析する。最後に、本章で得られた結論をまとめる。

第1節　政府からの独立性と利益団体の政治力
—海外との比較—

　農業者が組織を維持することは困難を伴うことが、海外の事例においてまま見られる。政治家が農業者を自らの影響下に直接的に組織化した国家は存

在する。たとえば、韓国では、農村地域の開発を目指したセマウル運動など
を通じて、政府は農業者をより直接的に新農業団体の下に組織化することに
成功した。韓国においては、植民地期において、「地主小作関係への行政の
介入、官製の農村団体の展開、『上からの』農村の組織化・動員」など、「農
村に対する国家の介入・浸透が経済的社会的領域においても相当程度に進ん
でいた」とされる（若畑 2001a：91）。第二次世界大戦後、零細小規模自作農
を組織化する試みは 1950 年代に何度か行われたが、1950 年代には、「経済
的な組織・機能団体は存在しないか、存在してもほとんど実効的に機能して
いなかったことが窺われ」、その理由として、植民地期に伝統的村落秩序が
弱体化し、さらに戦後の農地改革で地主層が打撃を受けたことによる、「地
域指導者層の『空白』」が原因ではないか、とされる（若畑 2001b：894-895）。
戦後の韓国の農村の特徴として、中央国家と農業者を結ぶ中間団体の欠落や、
個々の村落内の強い連帯、国家から独立した、村落間や村落を超えたところ
に存在する組織の脆弱性が指摘され、隣接村落間には、断絶や敵対心、競争
も存在したとされる（Moore 1984：581）。1960 年代においては、国家による
農民の組織化が、こうした空白を埋めながら、「伝統的な農村の社会的結合
を代替する形で進展していき、農協をはじめとした各種の団体が『上から』
組織され、それに伴い農村の有力者も行政との連関を持つ『エージェント』
が多数を占めるように」なった（若畑 2001b：926）。1970 年代の韓国の農村
では、セマウル運動の推進過程において、「農村からの人口流出による階層
構成の同質化、労働力不足に対処するための共同労働組織・農業機械化の展
開」などを背景として、「国家によるさらなる組織化が進展した」。このよう
にして、1960 年代に引き続き、セマウル指導者など、「国家と直接結びつい
た農村の新しい指導者層が幅広く形成されていった」（若畑 2003：441-442）。
セマウル運動においては、政府、とりわけ大統領によるイニシアティブが大
きく、良いパフォーマンスを見せた村落へと手厚い資源を配分し、資源をめ
ぐる村落間の競争を促進することで、運動を発展させようと試みており、官
僚制への圧力を高めながら、運動を通じて朴政権を支持する大衆政党を形成
しようとする動きの 1 つであったとされる（Moore 1984：585-591）。農村に

おける政治的行動に関しても、1960 ～ 1970 年代の「農業経済に対する国家の介入・浸透を背景として、農村では政治的安定・平穏化が達成され」ており、「農民運動は、キリスト教系の農民団体が主導したが、その勢力は分断されており、決して大きなものではな」く、「農村の投票行動は 60・70 年代を通して政権与党に対する支持が支配的であった」（若畑 2003：466）。また、村落におけるセマウルの指導者たちは、政党への参加を禁じられており、「政府の権威への挑戦となることはけしてなかった」とされる（Park 2009：130）。このように、韓国では国家から自律的な農業団体は、1980 年代後半まで発展せず、農村居住者・農業者の組織化は、主に政府からの動員によってなされたとされる。

　こうした韓国における農業団体の発展を日本と比較した場合、共通点と相違点が見える。外形的には政権与党が農村部からの政治的支持による安定した政権を行っている点では両国は共通しているものの、農村における組織化を詳しく見ると、「日本では農協という強大な農民団体が形成され、保守政党と農協が結びつくことにより農村の政治的安定化が達成された。しかし韓国では自律的な農民団体は成長せず、農協も名前は協同組合であるが実際には政府の下部機関としての性格が強かった。農民団体を通してではなく、国家が直接介入することによって、農業経営上の困難解消や小規模自作農の市場交渉力向上が試みられた」とされる（若畑 2003：478）。韓国農村と比較した際、日本の農村では、農業者の政府への支持は自明のものではなく、保守政党は「農村への利益誘導」や「積極的な生産者米価の引き上げ政策」などを通じ、「小規模自作農の利益を『組織化』」する必要があった（若畑 2001a：73）。このように、農協が保守政党ないし政府と一体化していたわけではなく、後述する農業団体再編成の試みの挫折の例に見られるように、韓国の農業団体に比べて、日本の農協は自律性を保っていたとされる。その理由として若畑省二は農村の指導者体制のあり方を挙げる。すなわち、「韓国では、植民地期に地域有力者による村落秩序の支配が弱化していき、さらに解放後の農地改革によって地主の経済的地位が大きく没落した。旧両班層出身者・有力同族・地主からなる地域有力者の地位が弱化して、村落の指導者層の

『空白』が生じたのである。そこへ60年代以降農村経済に国家が大きく介入・浸透するようになり、国家と緊密に結びついた人物が村落の指導者として浮上してくることとなった。一方日本では、農地改革によって地主の凋落や指導者層の交替がなされたものの、伝統的な村落結合を基盤として自作農上層を中心とした指導体制の整備・農民団体の形成が、比較的順調に行われた」とする（若畑2003：479）。このように韓国の農村と比較した場合、日本の農業者の国家からの自律性を特徴として指摘することができる。本書では、戦時農業者組織の戦後への継承、そして戦後における発展を分析することで、若畑が指摘する日本の、国家からある程度自律的な農村秩序の維持・発展の原因の解明に貢献することができると考えられる。

　韓国は1980年代まで完全な民主政体であったとは言えないため、政府の農業者への介入を政治家の裁量が大きい権威主義体制に帰責する向きもあるかもしれない。しかし、こうした介入は権威主義体制に限られたものではない。民主政体では、選挙などの政治制度が政治家の社会への介入を制限するが、そのような政体でも農業者への介入は観察されるのである。

　代表的な例は、1960年代の第五共和制下のフランス農業である。全国農業経営者組合連合（Fédération Nationale des Syndicats d'Exploitants Agricoles, FNSEA）はフランスにおける最大の農業者団体であるが、戦後への移行に失敗し、1940年代後半に150〜200万人いた会員は、1950年代前半には70万人にまで減少した。農業者の困窮は政府のみならずFNSEAにも向けられ、近代的な農業と伝統的な農業との間の格差も広がっていた（Wright 1964：114-122）。また、FNSEAは価格政策に運動の力点を置いていた（Wright 1964：130-132）。しかし、全国青年農業者センター（Centre National des Jeunes Agriculteurs, CNJA）に集った若手の改革志向の経営者は、FNSEAの政策を批判し、農業官僚と協調して、価格政策に代わって大規模農業を志向した構造改革を追求した。CNJAの指導者たちは伝統的なFNSEA指導者たちとの論争に勝利し、のちにFNSEAの指導的地位へと転身し、フランスにおける国家と社会間のコーポラティズムの形成へとつながった（Keeler 1987：55-69）。ただし、FNSEAは、北中欧諸国の職能団体と比較した際には、

その組織率や統制力は脆弱であり、補助金などの国家から提供される資源への依存が高く、政府に協力する代わりに国家から支えられる官製団体になったという側面も否めないとされる（中山 2006：101）。

　その後、FNSEA はゴリスト党との協調関係の中で、近代化を推進していく（中山 2006：101-102）。フランスでは、1960 年に「農業の方向づけの法律」が、そして 1962 年に同法を「補完する法律」が続けて制定され、自作型の発展モデルを追求した日本とは異なり、「家族経営の規模拡大と近代化・機械化による生産性の向上を通じて農業と他産業との間の所得・生活水準の均衡＝パリテを達成すること」を目的とし、自小作型もしくは借地型の発展モデルが追求された。こうした法律の制定は、(1)「農地賃貸借特別法の整備・強化」、(2) 土地整備農事建設会社（SAFER）の創設と先買権の付与、(3)「農地の転用価格と地価上昇の抑制措置」、(4) 離農終身補償金制度の創設、(5)「農家相続特例規定の整備」、(6)「経営規模の変動規制」、(7)「農業生産法人制度」、といった農業近代化・大規模化のための政策の実施につながった（原田 2010：36-39）。この制定過程においても CNJA と農業官僚は協調し、SAFER の設立や機能の強化など、農業構造の改革につながる政策を次々と実施していった（Wright 1964：165-166, 170；原田 2010：42）。かくして形成された、農業省と FNSEA が協同でフランス農業の近代化を進める体制であるところの、農業セクターにおける「部門別コーポラティズム」は、1960 年代以降、1992 年の CAP 改革により FNSEA の農業界における影響力が減退するまで、30 年ほど続いたとされる（中山 2006：94-97）。このように、コーポラティズムの形成期において、農業団体は変質を経験し、政府に近いメンバーが団体をコントロールすることとなった。この世代交代に伴って、FNSEA は小農よりも大規模化を優先するような政策に賛同した。すなわち、構成員の一部を切り捨てるような団体の構成員の変動がもたらされたのである。

　韓国とフランスの２つの事例は、政治家にとって、農業者を自らの影響下に直接置くことは最適であり、実際にこうした試みに政治家は成功しているということを示している。農業は経済が発展すると衰退し、経済的なプレゼ

ンスを失っていくため、一般的に農業者は弱く、政治家に対抗するだけの資源を手にすることができない、ということを考えれば、農業者の政治的な弱さは理解しやすいことである。しかし、上述の若畑の指摘にもあったように、こうした海外の事例に比べて、日本の農協グループは、強固な組織力を背景として政治的影響力を行使してきたとされる。戦後の農協の組織形態は、以下の 3 点の特徴があるとされる（たとえば、神門 2006：82-87，97-104）。

　1　市町村レベルの単位農協が各種事業を兼営していること。

　2　地域ごとの全戸加入や縦割りの組織による系統性。

　3　こうした強固な組織を利用して、米の集荷を一手に手掛け、手数料を農協貯金に貯金させることで、資金源にしていたこと。

　こうした政治力発揮の背景となった組織が戦時組織に由来していることは、前章で確認したとおりである。本章では、戦時組織が占領期を通じてどのように戦後の農業者組織へと継承されたのかを、終戦直後から 1947 年の農業協同組合法（農協法）の成立と農協の設立までを分析することで理解する。

第 2 節　終戦直後の GHQ の認識

　戦時組織が戦後に引き継がれることに関しては、初めから約束されていたわけではない。事実、戦後初期に日本を統治した GHQ は、戦時中の農業会が果たしていた役割を疑問視している。GHQ の天然資源局は、1946 年 3 月にレポートを提出し、農業会の問題点を指摘している。そこでは、以下の 8 点が農業会の主要な特徴として指摘されている（Natural Resources Section, General Headquarters, the Supreme Commander for the Allied Powers 1946：i-ii）。

　1　農業会には、公的な政策を広めるだけではなく、農業生産の成長や、それを収集するための統制手段を設定するという役割もある。

　2　農業会の起源は、政府に支援された団体である農会と、自発的な結社である産業組合にある。

　3　農業者は作物の割当制に反対している。この割当制においては、政府

が購入するために、彼らは自分の割り当てを地区の農業会へ運搬する必要がある。反対の理由は、割り当てが農業者間で恣意的に決定され、とりわけ不作の年には、自分たちが必要とする量ですら手元に残らない、という事態が発生するためである。

4　農業者は食糧証券の引き換えが遅延していることに不平を持っている。食糧証券とは、地区の農業会に割り当てられた食糧を供出することと引き換えに発行されるものである。

5　供出された食糧は農業会から政府へ売りわたされるが、その見返りとしての必要な農業用品や生活用品は農業会からもらうことができず、一方通行になっているという農業者の不満がある。

6　戦前には、農業官僚が都道府県レベルや市町村レベルの農業会に派遣され、その活動の効率性を決定していた。戦時中にはその活動は中断したが、現在の官僚の中には復活させる動きがある。

7　農業会は加工・共同購入・信用事業に従事しているが、これは農業者の利益のためというよりはむしろ、政府の統制維持のためである。

8　農業会は社会サービスプログラムも運営しており、収穫期の家庭の幼児のために提供される保育、生産奨励のための祭りや表彰、講義による農村教育、図書館の設立、祭りの間の財政的援助、などが挙げられる。

天然資源局によるこの報告書は、占領開始直後の段階で、彼らが農業会を問題点のある組織であるととらえていたことを明らかにしている。

第一に、農業会の事業形態について懸念を表明している。農業会は事業を兼営していたのであるが、天然資源局のレポートはその事実を正しく理解している。ただしその評価は肯定的なものではなく、農業会による事業の兼営は、農業者の利益のためであるというよりも、政府による統制を目的としたものであると指摘している。関連して、文化事業などを通じたコミュニティへの浸透も指摘している。

第二に、系統性と、それに伴う農業会の政府との一体性に関しても、懸念を表明している。戦前には農林官僚が県農業会や市町村農業会に出向いて効

率性を調査していたことを述べ、戦後にもその制度が復活する可能性があることを指摘している。また、農業会の源流となった2つの組合に関して、政府による支援を受けた農会と、自主的な組織である産業組合という2つのとらえ方を見せている。

　第三に、政府による米の一元的集荷による食糧供出と、そのシステムに主要な役割を果たす農業会について、否定的に評価している。農業会が食糧供出の統制に大きくかかわっており、農業者が自分たちの必要とする食糧すら残らないことに不平を持っていること、食糧証券の引き換えの遅延、政府側からの農業者への供与の不足を指摘している。

　以上の3点からは、天然資源局が、農業会の事業の兼営に懸念を示し、農業界の組織形態を統制団体としてとらえ、その政府との一体性を問題視し、さらに米の一元的集荷を懸念していた、ということができる。戦時中に国家の国民監視の一翼を担い、新たな民主主義の時代にはそぐわない団体である、という考えである。

　このような分析をした後、レポートは「F. 考察と結論」のセクションで、「農業会が日本政府のエージェンシーとして食糧の上限価格での集荷と配給に対する集権的な統制を維持する限り、農業者の利益にかない、農業者によって管理された、真に民主的で代表的な協同組合組織としての発展は難しいであろう。日本農業における経済的民主主義の成長と、慢性的な食糧不足による政府介入の必要性との間の、この対立は、日本農業の進歩的な発展における深刻な問題を表している」として、農業会を否定的に評価し、戦後の農業団体法の改正によって農業会の指導者を民主的に選出することが可能になったことを一定程度評価しつつも、「農業会が、農業者の利益にかなっていないのと同時に、農業者の利益を中央政府の意志に従属させている、という根本的な困難さへの解決策は、これらの修正によっても全く提供されない」と否定する（Natural Resources Section, General Headquarters, the Supreme Commander for the Allied Powers 1946：14-15）。このように、天然資源局の農業会への評価は手厳しいものであった。さらに農業協同組合が設立された1940年代後半には、日本は未だ主権を回復していなかった。このような条件

下でも GHQ の思惑どおりに事が進まなかった原因を探るために、次節では GHQ と日本政府の交渉過程を検討する。

第3節　GHQ と農林官僚の折衝
—農業協同組合法の起草・成立—

　本節では、日本政府、主に農林省と、GHQ 側、とりわけ天然資源局との間で行われた、農協法の制定をめぐる折衝の過程を分析する。農協法成立までの交渉を通じて、天然資源局は、日本側に以下の4点を要求したとされる。すなわち、「(1) 地主勢力の排除、(2) 行政庁の権力からの独立、(3) 古典的自由主義の協同組合原則の貫徹、(4) 農業会の完全解体」である。一方で、日本政府ならびにその一部である農林省は、終戦にあたって農業会を改革する点に関しては必要性を認めていた。しかし、それは GHQ の意図とは異なり、農業会を基本的に維持する方向性で法律案を作成していくこととなる。具体的には、以下の2点を意図していたとされる。それは、「(1) 農業協同組合の事業の面（とりわけ生産面）に重点を置き、特に部落を中心とする農村社会の実態にのっとった生産共同体構想、(2) 統制経済と協同組合制度の調整」であった（小倉＝打越監修 1961：333）。やや結論を先取りして言えば、日本側の意図は実現されなかった。一方で、天然資源局側の要求も、完全には実現されなかったのである。すなわち、農協グループは (1) 農業会が果たしていた役割を大きく維持し、(2) その組織の系統性を維持し、(3) 米の統制を前提として米の生産・集荷の一元的管理を行うこととなった。以下、農協法の成立に至るまでの過程を分析し、どのような折衝によってこうした結論へと至ったのかを明らかにするのが、本節の目的である。

　前節では、GHQ が農業会の維持や、統制性に否定的な立場であったことを示した。しかし、日本政府の担当者たちは、こうした農業会に対する否定的な考え方を、当初は理解していなかったようである。これは、1945年当時の農林省の動きからも推察される。上記のレポートが作成される前の1945年12月9日に「農民解放指令」が GHQ より発された。この覚書の中では、農地改革の実施とともに、「農業会等の戦時統制団体に対する批判が含まれ

ており、解放された小作人が再び小作人に転落しないための保護政策の一環
として『非農民的勢力の支配を脱し、日本農民の経済的・文化的向上に資す
る農業協同組合運動を助長し奨励する計画』の作成」が求められた（農業協
同組合制度史編纂委員会 1967：181-182）。これに対応するべく、農林省は戦後
日本に適切な農業団体とは何かを検討し、のちに農林省第一次案と呼ばれる
草案を政府回答の一部として GHQ に示した。しかしその内容は、生産共同
体としての色彩が強く、末端組織は部落における農業実行組合となっており、
一般組合については強制加入制度をとっていた。このように、統制性を色濃
く残した、農業会を改組した組織の設立を案としていた。

　関係者の回顧からは、当時は農林省と GHQ の間に意思疎通の離齬があっ
たことが示唆される。実際、こうした農林省側の考え方に対し、GHQ から
はとくに反応はなかったと農林省幹部は振り返っている（小倉＝打越監修
1961：648；農業協同組合制度史編纂委員会 1967：182-184）。この案を修正した
第二次案が、1946 年 6 月 22 日に閣議決定される。第一次案との違いは、「組
合員の加入・脱退を自由としている」ところなどである（農業協同組合制度史
編纂委員会 1967：185-187）。その後、詳細を追加した第二次案のⅡが 1946 年
9 月頃に作成された（農業協同組合制度史編纂委員会 1967：188）。当時の農林
官僚たちは、終戦の翌年である 1946 年の間には、天然資源局との間に大き
な意見の相違は見出してはいなかったと、のちに回顧している（小倉＝打越
監修 1961：332-333）。ゆえに、官僚側は既存の農業会をベースとした新農業
団体案を構想し、法律案の作成を進めていた。

　しかし、9 月の国会提出を見込んでいた矢先、戦時補償の打ち切りが決定
された。その具体的な方針が決まらなければ、農協法の第二次案の附則に示
された農業会から農協への資産の引き継ぎができない、ということになり、
国会への法案提出の延期が決まった。また、当時農地改革法案の国会提出も
検討されており、同時に提出すれば政治・行政ともに負担が過剰となること
が予想されたことも一因であるとされる。このように提出の延期が決まった
こともあり、より広い合意を得るべく各方面の意見を募ろうとしたところ、
GHQ 側から、一般への周知のための法案の配布にストップがかかることと

なった。これは、農林省の官僚たちには方針の変更と受け止められた。とりわけ第二次案に関しては逐条審議を受けており、担当した農林官僚の平木桂は、当時の天然資源局の担当官だったハーディーから反対はないという了承を取り付けたと考えていた（農業協同組合制度史編纂委員会 1967：192-195）。ゆえに、この（日本側の視点による）GHQ 側の態度の変化は驚きをもって受け止められた。農林省側では、このような変化について、天然資源局に対する経済科学局や政治局の影響を疑っていた。系統組織の残存、とりわけ末端組織を実行組合としたことが、戦時統制の復活への懸念につながったのではないかということである（小倉＝打越監修 1961：334；農業協同組合制度史編纂委員会 1967：195）。

　それでも農林省は、1946 年 11 月から 12 月にかけて、第三次案を作成し、生産共同体を基礎単位とすることを維持した。かかる案を GHQ が認めることはないとは起草者たちも認識しており、最後に農林省側の「意図を明らかにする趣旨」も含んだものであった（小倉＝打越監修 1961：334-335）。

　1947 年に入って、日本側と占領軍側とで、意見の相違が顕在化する。それが明らかになったのが、1947 年 1 月 15 日に発せられた、「農業会の清算及び農業協同組合の設立のための新立法についての GHQ 天然資源局覚書」であった。これは、天然資源局長のスケンクから、和田博雄農林大臣に指示されたものである。主な内容は以下のとおりである（小倉＝打越監修 1961：111-116, 335；農業協同組合制度史編纂委員会 1967：201-204）。

1　農業会を改組することは認めず、完全に解体
2　「自由主義的協同組合原則の強調」と系統組織の否定
3　「政府機関による食糧集荷」（農業会による米の一元集荷制度に制約）
4　「技術相談機関の別途設置」（農協機能の制約）
5　正組合員資格の限定と准組合員制度の制定

なぜそれまで無風状態で進んでいた農業団体改革が、ここへ来て争点化したのか。この理由について、日本側は、ハーディーからクーパーへと担当者が変更になったのが理由ではないか、と考えていた。日本側の認識によれば、クーパーは法律家の出身であり、「協同組合制度についてどの程度の理解が

あるのか、若干疑わし」いと思われていた（小倉＝打越監修 1961：333）。

　一方、原因として名指しされた、GHQ 側の担当だった天然資源局のクーパーによれば、そもそも 1946 年中は白紙状態であったという。大まかな方針は政治局で決められていたのだが、構想を具体化するにあたって、担当が天然資源局へと割り振られたという。また、ハーディーとの間で合意ができていた、という日本側の認識に対しては、「ハーディーさんが当時の農林省の幹部のかたと話したときに、それに対して同意をしたとか、同意をしなかったとかいうことについても、自分はよく知りません。よく研究しましょうというくらいのことが、あるいは同意したように誤解されておったのじゃないかとも思われます」と後日述べており、双方の間に誤解があったという主張をしている（小倉＝打越監修 1961：699-700）。クーパーはまた、1946 年 7 月に天然資源局に異動になったばかりで、11 月までは研究に専念していたと振り返る。ハーディーも 1946 年 3 月に天然資源局に着任したばかりであった（農業協同組合制度史編纂委員会 1967：195-196）。

　以上のように、1947 年になって、日本側と占領軍側との意思疎通の離齬が顕在化したが、農林省側では、指示の中に抽象的なものも多くあり、事態をそれほど深刻にはとらえていなかった。しかし、続いて 3 月に、天然資源局第一次案（Prospects of Farmers' Cooperative Association Bill）が提示された。農林省側の案を下敷きにせず、さらに農林省側はクーパーが「一晩徹夜して書き上げた」ものだと聞かされたといい、農林省側の目には突貫工事の粗末なものに映った。主な内容は、以下のとおりである（小倉＝打越監修 1961：335；農業協同組合制度史編纂委員会 1967：204-208）。

1　「農協の組合員を個人に限定」
2　農協の統制事業が盛り込まれていない（米の集荷が法律上農協の機能として盛り込まれていない）
3　「設立の認可は『法律に違反しないと認めるときは、設立を認可しなければならない』」とされる

　これを受けて、農林省は、まず 1947 年 3 月頃に作成した第四次案で、実行組合制度を残すものの、比重を軽くしている（農業協同組合制度史編纂委員

会 1967：208-212）。さらに農林省は 1947 年 4 月頃に作成した第五次案で、農業実行組合の制度を撤回した（小倉＝打越監修 1961：336；農業協同組合制度史編纂委員会 1967：212-213）。これにより、生産共同体を最小単位とすることをあきらめ、個人が独立した立場で加入する組織とすることが決定した。

天然資源局は、1947 年 5 月 15 日に、第二次案を提出した（小倉＝打越監修 1961：336；農業協同組合制度史編纂委員会 1967：220-222）。主な内容は以下のとおりであった。

1　連合会に貯金と他事業の兼営を認めないこと（信用事業分離）
2　「組合長、副組合長、幹事（secretary）、会計主任（treasurer）」その他からなる「理事会（board of directors）」による執行を規定しており、「総務参事（general secretary）を選任する」
3　「設立手続き上の要件を具備し、かつ農協法等の規定および目的に違反しないとき、行政庁は認可しなければならない」

これに基づいて農林省は、1947 年 5 月 24 日に、農業協同組合法案第六次案を作成した。理事制をとらないなどの相違はあるがおおむね天然資源局の指示に沿ったものであり、第五次案に加えて、連合会では貯金事業の兼営はできないことを明記し、さらに農林省が行う設立の認可について、法令等に違反した場合のほかは認可しなければならないとした（小倉＝打越監修 1961：336）。このように、GHQ 側は農協の統制性ならびに行政からの独立性に関して、著しく神経質であった。

第六次案に対して、天然資源局は 1947 年 5 月 27 日、農林省に「農林省により作成された農業協同組合法案についての変更および修正に関する GHQ 天然資源局の提案」を指示した。内容は、准組合員の資格を厳格にし、選挙での投票権を認めないことや、設立の認可に関して 60 日以内に行政庁が決定することなどを求めた（小倉＝打越監修 1961：243-250）。

農林省と天然資源局との間の折衝と並行して、農林省と大蔵省・GHQ 経済科学局（ESS）との間で折衝が行われていたのが、信用事業の分離問題である。農林省は大蔵省に、農林省第三次案に関する意見を求めているが、1947 年 1 月 15 日に大蔵省から示された回答は、「信用事業の二段階制」と

その「農林・大蔵両大臣による共管」であった。信用事業の二段階制化とは、伝統的な農村金融制度が市町村レベル—府県レベル—全国レベルと三段階制の組織構造をとっていたのに対して、「金融機関の簡素強化および資金運用効率化の見地から、府県段階の組織を認めないか、認めるにしても、近い将来それを全国機関（農林中金）に移管」するものであった。また、金融事業に関しては GHQ の経済科学局も関心を示し、1947 年 2 月頃に農林省・農林中金関係者を呼び、単位農協を含めた金融分離案を検討した。クーパーは、「農業会ができる前にはそういう金融事業は全部、大蔵省の監督下に置くべきであるということがあったので、したがって、この農業会が解散になる機会に、大蔵省は金融関係、金融事業の監督権をまたとりもどせるようにしようとし、GHQ の監督官庁（ESS）も大蔵省と同調して、そういうようにやりたいということから、村単位の組合においても信用事業はこれを分離せよという考え方があって、相当そのために〔農業〕協同組合法をつくるときにもいろいろと問題があったわけです」と述べ、大蔵省が農業金融の監督権を農業会の解散を利用して取り戻そうとしていたと述べている。クーパーはまた、GHQ の中には、アメリカにおける事情から考えると、村の農協が製造部門、販売部門、金融部門を一緒にやるのは難しいので、信用事業は単位農協から切り離すべきだという考えがあったということを認めている[1]。しかし、農協法立案の最終段階においては、大蔵省からも信用事業を単位農協から切り離すべきだという声は上がらず、都道府県レベルの信用農業協同組合連合会は単営とするものの、金融事業と他の事業の兼営を、単位農協では認めることとなった（小倉＝打越監修 1961：697-699；農業協同組合制度史編纂委員会 1967：230-233）。

　上記の GHQ と日本政府との交渉を通じて 1947 年 11 月 19 日に成立した農協法は、以下のような内容となった。

　1　農協の組合員資格は個人のみに認める。

1）　一方でクーパーは、この発言をした座談会の中で、自身が農協法成立後に地方の単位農協を視察した経験から、農協法成立前からは意見を変え、事業を兼営する総合農協は「日本の実情に即していると認めるようになりました」とも述べている（小倉＝打越監修 1961：698）。

2　連合会の事業兼営禁止。ただし、単位農協レベルでは金融事業を兼営。
　　市町村レベルでの各種事業の兼営を容認（総合農協化）。

一点目に関しては、農協法第12条で、「農業協同組合の組合員たる資格を有する者は、左に掲げる者で定款で定めるものとする。1　農民　2　前号に掲げる者の外、農業協同組合の施設を利用することを相当とするもの」と定められた。農民は、同法第9条で「この法律において、農民とは、みずから農業を営み、又は農業に従事する個人をいう」とされており、単位農協の組合員となるのは個人に限定された。また二点目に関しては、農協法第10条で、「組合は、左の事業の全部又は一部を行うことができる」とされ、その中に金融事業や販売事業、購買事業などが含まれ、事業の兼営が認められた。ただし、農業協同組合連合会に関しては、同じく第10条で、「第1項第1号及び第2号の事業〔金融事業〕を併せ行う農業協同組合連合会は、同項の規程にかかわらず、これらの事業に附帯する事業の外他の事業を行うことができない」と定められ、兼営が認められなかった（農業協同組合制度史編纂委員会1968c：72-74）。

以上からもわかるように、農業官僚側が望んだ2点については、盛り込まれなかった。組合員資格は個人のみに認められ、都道府県レベルでの事業の兼営も禁止された。また、米の集荷に関しても、法律上は盛り込まれなかった。しかし一方で、GHQ側の一部が望んだ、単位農協レベルでの金融事業の分離は成らなかった。また、米の一元的集荷は法律には盛り込まれなかったものの、一方で禁止もされなかった。このように農業会とは法律上は別の組織であるにもかかわらず、実質上は多くの側面で農業会を引き継いだ組織となった。

農協法の制定とは別に、農林省は、農業会の財産が農協に継承されるように、3段階の措置を講じた。第一に、農業会の資産処分を制限し、農業者の共有財産が散逸しないように、1947年8月1日、農林省令第64号で「農業団体法第43条および第57条の規定に基づき、農業団体の資産処分の制限等に関する省令」を公布した。これにより、市町村農業会の資産を処分するには知事の、都道府県農業会や全国農業会の資産を処分するには農林大臣の許

可を得る必要が生じた。第二に、8月2日、農林大臣は談話を公表し、「農業会に預けられた農民の貯金は農協に継承されること」を表明した。その後、農協法と同時に成立した農業団体整理法に基づく政令が12月24日に公布され、「農業会の財産を農協に譲渡または分割する場合の手続きが明らかにされた」。第三に、農協と農業会の事業の調整を行うため、農林省は9月9日に都道府県農業団体主任官会議で、農業会が農協と同様の事業を行って、その普及を妨げないように指示した（農業協同組合制度史編纂委員会1967：326-328，1968c：426-427，443-446）。こうした法的措置に関して、GHQからの反対はなく、黙認されていたようである。

　農業会の資産継承については、1947年8月22日の衆議院農林委員会で、平野力三農林大臣が、農業団体整理法の提案説明として、以下のように述べている。「この法律案は農業協同組合法の施行に伴いまして、従来の農業会、農事実行組合、養蚕実行組合等の団体の円滑かつ速やかな解体を行い、新たなる農業協同組合の健全なる発展を期するための措置に関するものでありますが、その要点を説明致しますと、まず第一は既存の農業会は協同組合法施行後八箇月内に解散せねばならぬことであります。（中略）第二は農業会の財産を協同組合に引継ぐ措置をとった点であります。農業会が何らかの方法によりましてそのまま農業協同組合となることは、新しい協同組合の精神を没却することとなりますので、これを認めぬことといたした次第でありますが、多年にわたる組合運動の結果として蓄積されている農業会の財産を、農業協同組合に引継がしめることは当然必要でありますので、これに対する措置を講じた次第であります。すなわち農業会の財産は、各会員に対し公平に分配せられるわけでありますが、現農業会の会員は多くは新しい協同組合の構成員となるのでありますから、協同組合はその組合員が旧農業会に対して有して居りますところの権利の割合に応じて、農業会の財産の引継を要求できるようにいたしたのであります」（農業協同組合制度史編纂委員会1968c：93-96）。このように提案理由説明の中で平野は、農業会の財産を農協に引き継がせることとし、その理由として、農業会の会員の多くが新しい農協の構成員となることを挙げている。とりわけ、社会党に所属していた平野からこのような

説明がなされたことには、実態として農協が農業会の構成員を引き継いでおり、それが提案理由の中で述べられるほどに既知の一般的な情報として取り扱われていたこと、さらにそれを政府の責任ある地位にある、戦時体制に批判的であった左派の社会党の議員が認めていた、という点に注意が払われてしかるべきであろう。

　以上、本節では、農協法の制定に関するGHQと農林省の間の折衝を分析した。農林省は当初、農業会を改組する形で新農業団体を設立することを検討していたが、GHQ・天然資源局側の否定により、農業会とは異なる農業団体を設立することとなり、両者の間で折衝が行われ、1947年11月に農協法は成立した。成立した農協法に関して、本節の初めに挙げた、農林省側の2点の意図に照らし合わせて考えれば、一点目の部落を中心とした生産共同体構想は実現されず、あくまでも単位農協に加入できるのは個人とされた。また、二点目の統制経済と協同組合制度の調整に関しても、農協法上は米の集荷に農協グループが役割を果たすとは明記されなかった。しかし、禁止もされなかったことにより、本書の第4章で分析されるように、農協グループが米の統制を利用して政治的影響力を発揮するための土台がつくられることとなった。

　また、GHQ・天然資源局側が要求した4点のうち、「(1) 地主勢力の排除」に関しては農地改革によって小作農が自作農となったことである程度達成されたと言えるが、本章第5節で分析するように実際の運営を観察すると、単位農協と農業会との間には人的資本の重なりも見られた。また、「(2) 行政庁の権力からの独立」に関しても、行政庁による単位農協の設立への認可は、法令違反がなければ行わなければならなくなったことで、ある程度達成されたと言えよう。一方で、「(3) 古典的自由主義の協同組合原則の貫徹」に関しては、個人加盟となったものの、戦時中に形成された制度である市町村レベル─都道府県レベル─全国レベルの三段階の階層性と上位レベルから下位レベルへの指令系統は維持されることとなり、また市町村レベルの単位農協では事業が兼営されたことも、古典的自由主義の貫徹という面からは不十分なものとなった。「(4) 農業会の完全解体」に関しても、農業会の資産は新

しい農協に移管され、また組合員の重なりを農林大臣が国会で認めるなど、実質的には制度や人員面で重なる部分が大きかった。

　なぜこのように、妥協的結論によって農業会の資産が継承され、組織構造は温存されたのであろうか。次節では、この時期の農業団体間の関係、特に全国農業会と日本農民組合の関係に焦点を合わせて分析を試みたい。

第4節　農業復興会議の成立
―全国農業会と日本農民組合の協調―

　前節では、戦後に圧倒的な影響力を持つはずの占領軍の構想が必ずしも全てに反映されておらず、実質的には農業会の制度的遺産である三段階の系統性と単位農協における事業の兼営、そして農業会の財産が農協グループへと引き継がれた状態になったことを確認した。それでは、何がこれを可能にしたのだろうか。本節では、全国農業会と日本農民組合が協力して設立した組織である農業復興会議に注目し、農協の設立当初に農業復興会議が果たした役割を考察することで、農協グループが農業会の制度的遺産を引き継いだメカニズムの一端を明らかにしたい。

　農業復興会議は、主に全国農業会と日本農民組合の二者によって設立された。農業復興会議の設立は1947年6月19日であるが、それまでこの二者が食糧の供出や新農業団体の設立に対してどのような立ち位置を示してきたのかについて概観することで、農業復興会議の設立の経緯を明らかにしたい。

　日本農民組合は、終戦直後、戦前からの左派系の農業団体を統合する形で、1946年2月9日に結成された。この時期には、農地改革と並ぶ日本農業の重要争点は、食糧危機への対処であった。1945年と46年の日本は未曾有の食糧難に襲われていた。ところが占領軍は日本の食糧輸入を認めなかった。そのため、長期的には食糧を増産する必要性があるものの、目の前の食糧難に対応するためには、食糧供出を強化する必要があった（大川1988：2）。この事実を無視することはできず、日本農民組合の要求も、供出を前提として、その方法の民主化を求める、というものであった。すでに1945年11月7日の地方組織への供出対策では、①「供出割当額決定、管理及積出等は農民代

表者を中心としてなさしめる」、②「農民保有米確保」、③「増産及生活必需物資の即時配給」、④「地主保有米制廃止」、⑤「隠匿食糧即時撤廃並配給」の5点を述べており、農業者の供出割り当てへの関与、その過程の透明性などを求めていた（大川 1988：3）。

　ただし、こうした左派系の農民団体が政府に対して全くの協調的態度をとっていたかどうかについては、留保が残る。すなわち、結成当初の日本農民組合や、3か月前の 1945 年 11 月 2 日に結党された日本社会党は、政府や地主に対する階級闘争を重視し、幣原内閣やその後成立した吉田内閣と対立する構図が存在したことも事実であり、こうした政治的態度の原因の 1 つが、食糧供出や農地改革問題などの、食糧・農業問題であったとされる（中北 1998：20）。食糧供出に関しては、日本農民組合は「供出機構の民主化とそれへの参加」を求めるが、幣原内閣は 1946 年 2 月 17 日、日本農民組合の「意向を無視して、供出不良者に対する強権発動を規定する食糧緊急措置令を公布した」。また農地改革問題に関しても、日本農民組合は第一次農地改革に不満を持っており、耕作権の確立を自作農創出に対置し、「地主の小作地取り上げへの反対闘争」を開始していた。このように日本農民組合は、政府と地主に対する闘争を活発に展開しており、日本農民組合の幹部の多くは、自由党との提携に反対していた。また、強権発動に対する社共民主戦線結成の動きや、日本農民組合への共産党系の団体の参加なども見られた（中北 1998：20-21）。

　このように、終戦直後から日本農民組合結成の 1946 年初め頃までは、左右両派の農業者が協調する可能性と、それぞれがより先鋭的に政治的な主張をする可能性と、両方の可能性が同程度に存在したと考えられる。しかし、そのような状況下において、第 23 回衆議院議員総選挙における、日本自由党の予想外の敗北が発生したのである。すなわち、旧憲法下で成立した内閣である吉田内閣は、吉田自身が貴族院議員であったこともあり、1947 年 5 月 3 日に予定されていた新憲法の施行を目前にして、その統治の正統性を得るために、3 月 31 日、衆議院を解散した。しかし、4 月 25 日の投票結果は、大方の予想を裏切り、日本社会党が 143 議席を獲得して第一党となり、自由

党は 131 議席の第二党にとどまった。その結果、社会党の片山哲を首班とする内閣が 5 月 24 日に発足することとなる。

　日本農民組合はそれまで、吉田内閣の食糧政策を追及してきた。しかし、自らが支持してきた社会党が主導した政権である片山内閣の成立に及んで、日本農民組合は政権への協力を示す。片山内閣成立直後の 6 月 2 日には、日本農民組合は片山内閣への申し入れを行い、「『重要農政』もしくは『当面諸政策』4 項目」として、「第三次農地改革の実施」「供出及割当制度の民主化」「農村必需物資配給の円滑化」「農産物価格の公正化」を挙げ、「その実行を要望するとともに、実行にあたっては『全力を挙げて片山内閣に協力する』ことを明言した」（大川 1988：8）。ここで着目したいのは、二点目の、供出の民主化である。上記のとおり、日本農民組合はそれまで、供出制度の問題点を認めながらも、制度の存在を前提としながら、その民主化を求める立場をとってきた。さらに片山内閣の成立とともに、供出を実行する主体である政府が、自らの支持勢力に変更されたことで、その立場をより鮮明にしたということができるだろう。

　このように、日本社会党の予想外の勝利という、外生的な事象と、日本農民組合に親和的な政権の誕生という状況下で、大川が「農業復興体制」と表現する、左右の農業団体を横断する協力体制であるところの農業復興会議が誕生することとなる。日本農民組合としては、「農村の民主化と農業生産力の増強並に食糧の供給確保」を目的としており、そのために日本農民組合が先頭に立ち、「農業会その他の参加を得て資金と人手を充足すること」によって、その活動を充実させようとした（大川 1988：11）。この前の 1947 年 2 月 6 日には労使協調の場として経営者団体や労働組合からなる経済復興会議が設立されており、農業復興会議にも同様の機能が期待された（農業協同組合制度史編纂委員会 1967：87）。

　もう一方の主体となった全国農業会は、1945 年 8 月、戦時農業団令を改正することによって発足した。先述のとおり、1946 年 3 月に農林省から GHQ に提示された第一次農協法案では、農協は農業会を改組した形となり、系統性は維持されることとなっていた。法案には、「農業会を生産農民の職

能協同組織たる農業協同組合に改正する」と明記されている（小倉＝打越監修 1961：11；農業協同組合制度史編纂委員会 1967：137-139，1968c：20）。

　農業会の側でも、戦後の民主化の流れを無視していたわけではなく、その組織を存続させるための試みを重ねていた。たとえば、農業会の従業員は全国・都道府県レベルの組織で職員組合を結成し、その後労働組合法による従業員組合となり、農民組合などと協力して農業会の民主化への協力を行ったとされる。1946 年秋には労働協約を締結し、その後農業会の解散が不可避となると、日本農民組合や全国農村青年連盟（農青連）と協力し、農協の「民主的設立推進」と「農業会従業員の完全就業」を目標に運動に取り組むようになる（農林省農政局［1951］1979：131，149）。また、農地改革に際して、農業会は「保守勢力の牙城」として反対運動への積極的な関与を禁じられたが、一方では農地改革推進のための法の趣旨の啓蒙運動を展開した（農林省農政局［1951］1979：138）。1945 年 12 月 25 日には農業団体改正法の改正法案が成立し、行政庁の監督権の縮小、「会長中心」の指導から「理事の合議制」による業務運営への変更、会員の選挙による役員選任、「農事実行組合、養蚕実行組合の農業会加入を認める」などの民主化が図られた（農林省農政局［1951］1979：142-143）。しかし、農業会は戦争協力団体として難しい立場に立たされることとなった。終戦直後は資材配給に関して独占権を与えられていたが、その資産処分についての制限や物資の排他的取り扱いの禁止など、徐々に従前の経済活動への制限を受けるようになった（農林省農政局［1951］1979：139）。10 月 30 日には全国農業会会長の石黒忠篤が戦争犯罪者として退任し、1946 年 1 月末には全国農業会の役員が総退陣、3 月 30 日には上記のとおり改正された農業団体法の下で役員改選が行われた（農林省農政局［1951］1979：143）。そして、1946 年度後半になって、農業会の改組を認めない GHQ 側の考え方が明らかになり、解散はやむを得ない展開になった。そのため、1946 年の暮れ頃には、全国農業会から日本農民組合へ、農業復興会議の結成を打診していた。先述のように、資金と人手を必要としていた日本農民組合とは思惑が一致し、1947 年 2 月の第 2 回日本農民組合大会で決議され、日本農民組合側からのイニシアティブということで正式に提

唱されることとなった（農業協同組合制度史編纂委員会 1967：139-141）。

　農業復興会議は 1947 年 6 月 19 日に結成大会を開催した。その議長は農政学者である東畑精一で、副議長は日本農民組合から黒田寿男、全国農業会から東浦庄治など、各農業団体を代表する人物が選出された（農業協同組合制度史編纂委員会 1967：164-166）。中北浩爾によれば、この結成には 3 つの政治的意義があったとされる。第一に、「経済復興会議と相まって、都市と農村の利益を合致させ、増進させる」役割を果たした。農産物の増産による食糧事情の改善で工業部門の生産が増加する一方、工業部門の増産は農業に必要な物資の生産増加にもつながり、農業と工業の発展の「相互促進的」な性質が示された。第二に、農業者団体間の協力関係が構築された。日本農民組合は、農業生産力の増進という目標において、全国農業会、全国農村青年連盟、全国農民組合準備会などの他の農業者団体と協調する体制ができた。これは、都市部における労使協力に類似するものであったとされる。第三に、「吉田内閣の経済政策への批判としての意味」も持っていた。1947 年度の運動方針で、日本経済を危機的状況にあるととらえ「民主政権の樹立」を求めていた日本農民組合にとって、農業復興会議の成立は「吉田内閣の経済政策への代替案」の提示という側面もあった。この結果として、日本農民組合は片山内閣の成立後、「第三次農地改革の実施要求を事実上保留するとともに、農業生産必需物資の確保を前提として供出に積極的に協力」することとなった（中北 1998：45-47）。農業会の組織制度が戦後の農協グループへと継承された過程を分析するという本書の関心からは、とりわけ中北が指摘する二点目の、農業者団体間の協力関係の構築という点が注目される。戦時組織である農業会と、左派の農業団体である農民組合は、活動するにあたって依拠する立場は異なるのではあるが、農業復興会議の成立により、党派色の異なる団体が協調しながら活動をする仕組みがつくられたのである。

　一方で、農業復興会議の性格に、懸念を示す向きもあった。『経済復興』は経済復興会議の機関紙であるが、1947 年 7 月 1 日発行の『経済復興』第 10 号において、農業経済学者の栗原百寿は、「農業復興会議の性格——経済復興会議と比較して」と題した寄稿で、全国農業会ないし農林中央金庫を、

「工業における財閥独占資本と同様に、日本農業を戦争目的のために強力的に統制し、農民資金を強制的に吸収し、戦費調達を行ってきた戦犯的機関」であると位置づけた上で、農業復興会議においてこれらの2団体が主導的立場にあることを批判し、経済復興会議と比較して、農業復興会議の民主的性格に疑義を示している（中北＝吉田編 2000c：134）。このように、農業会への警戒感がぬぐえない者も左派の中にはいたということがわかる。また、こうした批判も、農業復興会議が超党派的機関として認識されていたことの裏返しであるとも言えるだろう。

　片山内閣は 1947 年 6 月 30 日に第一次食糧緊急対策を、そして 7 月 19 日に第二次食糧緊急対策を矢継ぎ早に閣議決定した（中北 1998：104）。こうした対策には、「1946 年産米を 110％完納した農家」に対して都市部の縁故者に一定の米を贈与することを認める縁故米制度や、「肥料その他の物資の報奨」による麦とジャガイモの早期供出、米の寄付の見返りに「感謝物資」を贈る救援米制度などが含まれた。とりわけ最後の救援米制度には、経済復興会議と農業復興会議は積極的に協力し、農業者からの米の寄付を促進したとされる（中北 1998：104-105）。救援米運動に関しては、旬刊の機関紙である『経済復興』でも頻繁に伝えられており、第 12、14、15、16、24、26 号などで取り上げられている（中北＝吉田編 2000c：148-149，164-165，172-173，180-181，246-247，264-265）。食糧確保運動実行本部・経済復興会議・農業復興会議の 3 者の連名で 7 月 23 日に出された文書「救援米運動の実施方法」では、「1. 救援米運動の浸透方策」において、「（1）食糧確保国民運動本部及両復会議主催の下に地域ブロック別に救援米運動推進協議会を開き本運動の趣旨徹底に努める。（2）県（都、府、道）救援米運動推進本部は県経済復興会議及農民組合、農村青年連盟、農業会其の他の労働団体の講演の下に管内の農民組合、農青連、農業会を集め本運動の趣旨徹底に努める。（3）市町村救援米運動推進本部は、農民組合、農青連、農業会を動員し部落を通じ農民に呼びかける。」とされている（中北＝吉田編 2000b：82）。同様に 3 者の連名で出された文書である「救援米運動推進状況速報（その二）」では、北海道での救援米運動について、「北海道では、農業会が全力を傾注してすでに運

動は末端迄徹底して居り、政府よりの種々の指示も徹底して、運動の進展は良好である。」としている（中北＝吉田編 2000b：97）。また、時期はさかのぼるが、経済復興会議幹事長の帆足計が 1947 年 4 月末にラジオ放送を行った際の原稿とされる、「経済復興会議はいかに活動を開始したか」では、農業会の東浦庄司を主導とした国民生活安定委員会をつくり、食糧の増産や配給の円滑化のために「各労働組合と全国農業会、日本農民組合、食糧営団等が相協力し、具体的対策を準備し、必要に応じ国民大会をも開き、危機突破に全力をそそぐ覚悟であります」と述べている（中北＝吉田編 2000a：195-196, 2000c：512）。こうした文書における農業会との協力の明記や、その運動の評価からは、食糧政策に関しては、農業復興会議が農民組合や農業会を含んだ超党派的なプラットフォームとしての実質的な機能を果たしていたことや、経済復興会議の活動に農業会が主要アクターとしてかかわっていたことがうかがえ、農業会が党派横断的な農業復興会議を通じて、他の農業団体と接触や共同活動をしていたことがわかる。

　片山内閣内では、農業政策に関する対立が発生していた。農林大臣を務めていた平野力三は、もともと 1947 年 2 月に日本農民組合から脱退し、全国農民組合（全農）を結成していた。彼はまた、社会党内で 48 名の全農議員団を率いていた（中北 1998：126-127）。平野は高米価を要求し、11 月 4 日に農林大臣を罷免された（中北 1998：126）。しかし日本農民組合は、労働者と農業者の間に距離をもたらすとして平野の高米価要求に批判的であった（中北 1998：127）。このように、左派系の農業団体ですら、片山内閣の政策に肯定的であり、米価に関しても現実的な要求にとどまっていた。また、社会党は、1948 年 1 月 16 日と 17 日に行われた党大会で、左派主導による「第三次農地改革の断行」を決定した。第三次農地改革要綱には、「全小作地の買収、農地の集団化、農地利用の共同化、農協による農地管理」などが含まれていた（中北 1998：134-135）。ここで注目したいのは、社会党の左派ですら、農協の存在を前提として、農協による農地管理を農地改革の徹底の手段として要求していることである。少なくともこの時点で、農協の存在自体を疑問視する声はなかったと考えられる。農協の存在は左派的な農業団体にも認めら

れていたのである。また、1947年9月11日付の『経済復興』第17号は、農業復興会議が「農民を主体とした自主的農業協同組合の設立を促進するための組織方針を決定」し、同時に農業協同組合組織協力本部を設け、本部長に東畑精一が決定したことを伝えている（中北＝吉田編2000c：195）。

　農業復興会議は、経済復興会議が社共対立や総同盟と産別会議との間の意見の相違などから1948年4月28日に解散した後にも存続し、1952年に中央農業会議に改組されるまでその活動を続けた（太田原2007：26）。これからもわかるように、農業復興会議は経済復興会議が当初目指した労使協調のような場として機能することが、経済復興会議が党派対立によって解散した後も続き、経済復興会議よりも長期間存続することとなった。

　農業セクター内の団体間の距離よりも、農業者と労働者との関係の方が、ともすれば遠かった可能性もある。たとえば、1947年12月中旬に、産業復興会議と伊藤書店編集部との共同企画の下に行われた座談会では、農業復興会議との関係性が、必ずしも順調ではなかった旨が、出席者から語られている。産業復興会議の常任幹事であった竹田春信は、日本農民組合の須永好が中心となっていた時期には、「農業復興という農民の生活の安定と向上を、組織的に産業復興会議と合流してこの運動を推進してゆく」としていたものの、須永が1946年9月11日に急死して以降は、農民運動は岡田宗司を中心として展開されるようになり、「農業復興は、農業生産を高揚すればいいのだ、あるいは農民の生活の安定ということには全然ふれないで、農民の労働強化によって生産だけをあげればいい」という考えのもとに農業復興会議の活動が推進され、経済復興会議とのつながりもこうした考えを基に行われた結果、「政府の御用機関的なものに、日農〔日本農民組合の略称〕の首脳部によってもってゆかれようとしている」と、農業復興会議の、経済復興会議や産業復興会議との運動方針の違いについて、批判的な評価をしていた。全逓信労働組合の土橋一吉は、同じ座談会で、国鉄労組と農民組合との関係性の難しさを、次のように述べる。「今年の二十世紀〔ナシ〕の出盛りのときですが、なぜ貨車をださぬかというので、〔鳥取〕県知事が現地でつくっている二十世紀のために、大阪鉄道局長に再三交渉した結果、五車両、十車両

だすという了解を得たのですが、国鉄はそれを奪回してしまった。そんなものはいかん、主食じゃないじゃないか、ヤミじゃないかという理由でね、ところがそれをやると、農民組合が反対するんだ。青森県でも同じように考えられると思います。この点はよほど上手に国鉄の幹部も農民、市民との提携という面で、この問題を一歩乗り越えてやらないと国鉄全体として輸送に関して、リンゴや二十世紀を生産している農民諸君を放り出す方向に持って行くかもしれない。余り露骨に現わしてしまうと、農民と鉄道従業員が逆になってくる。市民の了解を得たというが、農業会の連中の経済的な補償も考えないと、幅のある市民農民と提携した国鉄従業員の闘争にならないと思います」。土橋が述べるように、国鉄のストを行うと、農産物の輸送ができず農業者が被害を受ける、というように、団体間の利益には相反する部分もあり、その点で労農間の連携が難しかったことがうかがわれる（中北＝吉田編2000d：173-174，270-271)[2]。このように農業セクターは、左派陣営の中でも、その活動に際してやや選好を異にする場面があったことが示唆される。

　先述の救援米運動に関しても、1948年6月11日発行の『会報経済復興会議』第2号では、産別会議系の団体や日本農民組合系の団体が積極的に参加しなかった事実と、それが経済復興会議の解散論の論拠の1つになったこと、しかし救援米運動を主導した三田村四郎や平野農林大臣の問題点やその他救援米運動にも問題があったことを指摘し、産別会議や日本農民組合系の組合の行動にも理由があったと主張している（中北＝吉田編2000c：59)[3]。

　上述のように、労働者と農業者の利害は、政治争点となる政策の種類によっては一致しない可能性を含んでいたものの、このような潜在的な労農間における利害の不一致は、1948年以降も大きく顕在化することはなかったとされる。なぜなら、インフレ抑制のための低賃金政策の廃止や賃上げを要求す

　2）原文は、産業復興会議編『現場労働者の生産闘争・記録と展望』（伊藤書店、1948年）に掲載されたものであり、中北＝吉田編（2000d）に再録された。本書での引用は、中北＝吉田編（2000d）に依拠している。適宜、新字体や新仮名遣いに改めた。
　3）中北浩爾の解題によれば、『会報経済復興会議』は、経済復興会議の解散ではなく改組を主張して残留した産別会議などの代表が、経済復興会議は解散せず存続しているものとして発足させた改組世話人会により発行されたものであり（中北＝吉田編2000c：525-526)、その記述の中立性には留意する必要がある。

る労働組合の動きなどのドッジ・ライン修正の要求は、「農民の利益と合致するものであった」からである（中北 1998：248-250）。食糧事情が好転し、農業に必要な物資の配給が円滑化した 1948 年頃から、農業者の関心は「農産物価格の引上げと農業課税の軽減」へと移行し、農業復興会議や日本農民組合、全国農民組合、全国農村青年連盟などの農業者団体は、「米価に関する統一要求・統一行動」を行っていた。一方で当時の吉田内閣は、「ドッジ・ラインの維持」や「労働者の賃金抑制のため」、「低米価と食糧輸入の増大」、さらに農業者への「所得税の徴収強化や対農業財政投資の削減を行った」。このような状況の下、労働者にとっての賃上げと、米価に関する統一行動や食糧輸入の制限は、「ドッジ・ライン修正」というより大きな目標の下、農業者と労働者との「共通の目標になった」とされる（中北 1998：250）。このように、農業問題において超党派的な合意が存在し、かつ労農間の意見対立もそこまで顕在化しなかったことで、農業問題の政治化が抑えられイデオロギー対立化しなかったことも、左右の農業団体の協調関係が比較的円滑に構築された背景にあったのではないかと考えられる。

　以上のように、GHQ と農林省の交渉過程の裏側では、農業会と農民組合の間での協調体制が成立し、食糧の供出や救援米運動などにおける協調の場としての機能を果たしていた。このような状況下では、仮に GHQ が農業会に強硬な立場をとったとしても、広範な賛同は得られなかったと考えられる。この点において、全国農業会が日本農民組合に接近した戦略は功を奏したということができるだろう。

　こうした動きは都道府県以下のレベルでも存在した。埼玉県を事例とした西田美昭らの研究グループの分析によれば、民主化と農協の設立を見越して、1947 年 1 月末には、農協の設立や農業会の民主化を話し合う農民団体協議会のための準備会が、県・郡・市町村レベルで結成されている。構成主体は、農業会や社会党系・共産党系の農業団体を含むものであった（西田編 1994：433-434）。また、農協設立発起人・準備委員における農業会役員の割合は、農民組合と同様に低く、部落を基盤とする性質が強かったと評価されている（西田編 1994：442-443）。

また、福武直は、長野県小県郡西塩田村（現・上田市）の事例分析から、地縁・血縁などの部落における結合は階級よりも優先され、結果として農民組合の運動が後退したことを指摘している。しかしその過程では、地主層にも革新勢力への同調者が存在し、農業会を革新勢力が掌握していた時期もあったとされる（福武 1976：476-478，494，502-503）。

　一方で、農業復興会議の成立までとその初期の時期は、左派系の農民組合の側の一体性が、その後の時期と比較して、相対的に高かった時期であったことも付言されなければならない。上述のように、1947 年 2 月、日本農民組合の第二回大会が開かれ、その際の組合員は全体で 130 万人であった（満川 1972：182）。しかし、その第二回大会ではすでにその後の分裂の兆しが見えており、平野力三派が大会から退場、日本農民組合から離脱し、1947 年 7 月には「反共主義の立場をとる全国農民組合」を結成した（満川 1972：182）。もっとも、この段階では「一部少数者の脱落」という色彩が濃いものであったが、その後平野力三は西尾末広との対立から、1947 年 6 月に就任した片山内閣の農林大臣を 11 月に解任され、1948 年 2 月に社会党を離党し社会革新党を結成することとなった（満川 1972：182）。その後 1948 年 12 月に社会党最左派の黒田寿男らも労働者農民党を結党する（満川 1972：182）。

　このように社会党内での左派の地位が弱体化していく中で、社会党左派の日本農民組合関係者が共産党に集団入党するなど、日本農民組合での分裂が始まっており、この頃には、社会党系の日本農民組合主体性確立同盟（主体性派）、共産党系の日本農民組合統一派懇談会（統一派）、労農党系の日本農民組合正統派同志会（同志会）に内部で三分裂していた（満川 1972：183）。こうした状況が続く中で、日本農民組合は 1948 年には大会を開くことができず、1949 年 4 月に開かれた第三回大会は、統一派と主体性派が別々に大会を開く事態となった（満川 1972：183）。それまで両者の協調に努めていた同志会は統一派の大会に出席し、日本農民組合が社共に分裂することとなった（満川 1972：183）。先に分裂した全国農民組合と合わせ、旧来の日本農民組合に属していた人々は、三分裂することとなった。その後、社会党の左右分裂、共産党の主流派と国際派との対立などの影響から、日本農民組合はさ

らに分裂することとなり、こうした状況下で、農業復興会議やその後の中央
農業会議や農協グループの「農政運動体」としての影響力は高まったとされ
る（満川 1972：183）。農民組合の団体間の対立は、1958 年の全日本農民組合
連合会（全日農）の結成まで続くこととなる（満川 1972：184-185）。

　また、終戦直後、革新政党系の農民組合が拡充していくことに対抗して、
自由党の側でも、自党系の農業団体の結成と組織の拡大が図られたが成功せ
ず、「体制内の農業団体」の育成や掌握が図られた（満川 1972：188）。この終
戦直後の流れは、次章で分析を加える保守政党による農業団体の再編成を図
る試みへとつながっていくのである。

　以上、本節では農業復興会議の形成と運営に焦点を合わせて、農協法成立
前後の農業団体間の関係性を分析した。全国農業会と日本農民組合の二者に
よって設立された農業復興会議は、農業団体間の超党派的な組織として、農
業政策への提言やその実行にあたっていた。終戦直後に成立したばかりの日
本農民組合にとっては人的資本の不足を補うために、解散が不可避の農業会
としては影響力の保持のために、互いに協調を必要としていた。さらに、片
山内閣の成立により農民組合からの政府批判が緩んだこと、食糧危機におけ
る供出のためには農業会の組織を通すことが不可欠であったこと、農民組合
間の意見対立が顕在化しておらず組織がつくりやすかったこと、といった条
件が協調的な体制の成立を後押ししていたことも明らかになった。農協グル
ープは、与えられた状況を最大限に利用しながら、農民組合との協力体制を
築くことで、組織の完全解体の危機を乗り切り、農協法の成立によりその組
織の実質的な継承に成功したということが言えよう。その後、日本農民組合
が分裂することにより、農業復興会議やその後継組織の中央農業会議の主導
権は農協グループが握っていくこととなり、この時期にできた制度を農協グ
ループはさらに利用していくこととなる。

　次節では、左右の協調体制の下で誕生した農業協同組合が、どのように運
営されたのかを分析する。

第5節　農業協同組合の運営

　このように誕生した農業協同組合であったが、実際の運営はどのように行われたのだろうか。誕生直後の1948年についてその実際を概観する。

　まず運営に関する指導者であるが、GHQの思惑とは異なり、農業会の役員の経験がある者が含まれていた。第一回選挙において、新役員のうち農業会の役員の経験がある者は単位農協では15.6%であり、第二回選挙において、連合会では36.3%であった（栗原1978：251）。さらに、実際の事業運営にあたる職員でも、その多くが農業会出身者であった。1948年の調査では、単位農協参事585名のうち旧農業会の職員だったものは299名と、約51%を占めた（栗原1978：251）。ただし、その階層や経営規模を見ると、戦前との異なりも見られる。農協役員の階層別構成は、地主が減少し、自作農・小作農が増えていく（栗原1978：252）[4]。また、同様の傾向として、農協役員の経営別規模構成では、連合会、単協理事共に1町未満が過半数を占めている（栗原1978：252）[5]。このように、農地改革の成果を反映して、小農や階層が低い農業者たちが役員となることが増えており、農業協同組合が実質的な意味をもってより広い範囲の農業者を組織し出しているということができる。また、その後の経営不振によって政府の影響力が強まるも、民主的な組織運営を行うという理念は、GHQの監視もあって、設立当初は一定程度の影響力を持ったと評されている（西田編1994：460-461）。

　また、組織面以外では、米の取り扱いに注目したい。GHQの懸念にもかかわらず、農協は米の集荷を一元的に行った。実際にその取扱量を見ると、戦後増加した。1936年には、（市町村）単位産業組合が集荷する米と麦はそれぞれ25.6%と43.2%だったのが、農協設立直後の1948年にはそれぞれ95%と94.9%になっている（栗原1978：255）。こうした数値からうかがえるの

4）農業会が残存している時期に行われた調査であるため、農業会の役員も含んだ数字である。

5）栗原自身は中農・富農が中心と結論づけているが、数値に基づけば小農のプレゼンスは高いと言ってよいと考えられる。

は、農協グループによる米の流通の独占状態は続き、GHQ の懸念のとおり、農協グループの統制性は継続した、ということである。米の一元的集荷は、むしろ戦前よりも強化されることとなった。一方で、第4章で詳細を分析するように、当時の日本の食糧事情は危機的状況にあり、このような継続性は現実的な着地点であったと見ることもできる。また、次章以降で分析されるように、このような制度の継承をその後も維持していくための農協グループの戦略も大きく貢献した。ともあれ、このように戦前と戦後の連続性が確保されたことによって、農協グループは順調な滑り出しを見せたのである。

第6節　小括

　本章では、終戦直後から農協法の成立までと、同法に基づく農協の設立初期に焦点を当て、どのようにして戦時遺産である農業会の構造が、戦後の農協グループに継承されたのかを分析した。第一に、国家による組織への介入を許した韓国やフランスの農業団体の事例に比べて、日本の農協グループは政府からの独自性を比較的に保っていたということが明らかとなった。第二に、終戦直後の段階で、GHQ 側は農業会に対する政府の強い影響力を問題視していた。第三に、戦後の新農業団体の設立について、日本側が農業会の改組でとどめようとしていたのに対し、GHQ 側は農業会とは異なる全く新しい、農業者による自主的な農業団体を設立し、そのような新農業団体が戦後日本の農政を導くことを理想とするも、それを貫徹することはできなかったことが明らかとなった。その結果、各種事業を兼営し、全国レベル―都道府県レベル―市町村レベルの階統制を備えるという、戦時中の農業会の性質を引き継いだ農協グループが誕生した。第四に、その背後には、農業会と日本農民組合の農業復興会議を通じた協調関係があり、農業者側の意見がまとまっていたことが、農業会の完全な解体を妨げる一因にとなっていたことが示唆された。この協調関係の形成において、農協グループは食糧危機の存在、左派政権の成立、という与えられた条件を利用し、自らに有利な結果を導き出すことに成功した。第五に、農協法の成立によって設立された農協グルー

プは、人的資本において農業会との関連を持ち、しかし小農等のより多様な範囲の農業者を組織化しており、戦前とのつながりを保ちつつ、農地改革によって誕生した新しい層も組織化していたことが明らかとなった。

　これらの分析を踏まえれば、戦前から戦後への制度の継承は自明のものではなく、制度が断絶される危機は、相当程度の実現性があったということができよう。しかし、農協グループの戦略により、農業セクター間での超党派的な協力関係が築かれたことによって、制度を継続させる方向へと力が働いた、ということが明らかになったと言える。これにより、日本の農業者団体を考察する上では、戦時中から戦後への制度の継承は自明のものではなく、ある程度の条件と、それを利用する団体の戦略が重要であった、ということが示された。

第3章

新農業組織設立の試みと失敗
── 野党・農民組合と農協グループとの関係性

　前章では、戦前の組織である農業会の構造が戦後の農協グループへと継承される過程を分析した。しかし、その設立後も、農協グループの組織構造をめぐる議論は続き、農協グループとは別の組織を設立するべきだという議論が、1950年代に大きく3回発生した。政権党の政治家の中には、農協グループ以外の農業者組織を設立し、選挙動員などの政治活動において農業者を直接的にコントロールしようと試みる者もいたのである。この理由としては、政権与党の政治家の立場からは、間接的に農協グループを通じてよりも、自党の下に直接的に農業者を組織化する方が、農業者の支持を維持するという点においてはより確実性が高いという利点が挙げられるだろう。しかし、こうした試みは実現せず、農協グループは日本の代表的な農業者団体であり続けた。なぜ政権与党の議員の行動にもかかわらず、こうした直接の組織化の試みは失敗したのだろうか。

　本章で扱う計3回の農業団体のあり方をめぐる議論は、その後の日本の農業政治を考える上でも重要であり、分析に値すると考えられる。農業団体のあり方を根本的に考え直し、その組織系統を改革する、というアイディアは、本章で取り扱う時代の後は、しばらく俎上に載ることがなかった。都道府県レベルの組織を全国レベルの組織の支部とした、系統の二段階化は、2000年前後になって起こったことであり、本章で扱う時代からおよそ40年はその組織改編は実現しなかった。全中の解体や、金融事業の分離化、全国農業協同組合連合会（全農）の株式化に関して言えば、2010年代になって安倍晋三内閣の下で議論がなされるようにはなったが、結局日の目を見たのは市町村レベルの農協に対する全中の監査権に関する改革のみであり、金融事業の

分離や全農株式化は未だに行われていない。このように、戦後日本の農業政治を俯瞰した際、農協グループと農業委員会の並立という状況は長期的に続いた、そして現在まで継続している体制であり、1950年代から60年代初めは例外的に農業団体の体制をめぐる議論が活発化した時代で、かつその後の日本の農業政治におけるある種のレジームが形成された時期であったと言うことができよう。ゆえに、この時期の議論を分析することで、その後の日本の農業政治過程のより深い理解に貢献することができると考えられる。

　本章では、1950年代に起こった農業団体の再編をめぐる3つの大きな議論を分析し、農協グループ以外の農業団体の下に農業者を組織化する試みとその失敗、さらに農協グループの組織と政治的地位の安定化の過程を明らかにする。第一に、1950年代初めに議論された第一次農業団体再編成問題を取り上げる。農協グループ以外の新団体を設立する議論が発生するものの、改進党や左右社会党などの野党からの反対を背景として、構想が頓挫する過程を示す。第二に、1950年代半ばに議論された第二次農業団体再編成問題を取り上げる。河野一郎農林大臣のイニシアティブによって新農業団体の議論が再燃するものの、日本社会党の反対があり、団体再編の議論の進展を妨げる一因になったことを示す。第三に、農業基本法とそれに伴う新政策の実行主体をめぐる議論を取り上げる。政策の実行にあたる新団体の設立が議論されるものの、前二回と同様に野党からの反対を背景として頓挫する過程を分析する。最後に本章で得られた結論をまとめる。

第1節　第一次農業団体再編成問題
—1950年代初頭—

　農業者組織を改組して、農業者を政府の直接掌握の下に置こうとする一回目の試みは、のちに第一次農業団体再編成問題と呼ばれ、1950年代初めに行われた。この試みは、ある面においてはいわゆる「逆コース」と関連づけてとらえることが可能であろう。GHQの民政局を中心として行われた、内務省廃止や日本国憲法成立などの、占領初期の改革・民主化であったが、1948年頃より揺り戻しが始まり、米ソ対立の深刻化によって民政局の役割は

小さくなった。第二次吉田内閣の成立と1949年の民主自由党の圧勝により、逆コース体制が確立したとされ、1951年の連合国とのサンフランシスコ平和条約の締結とともに、日本がGHQからの独立を回復したことにより、様々な分野での戦前システムへの回帰の試みを引き起こした。しかし全ての分野でこの揺り戻しが起きたわけではなく、農業に関する範囲では、農地改革と農協は占領改革の成果が大きく残ったものであるとされる（升味1988：132-133）。こうした評価は、農地改革の実施によって、戦前の地主制が解体され、基本的には小作農は全て自らの農地を所有した農業者として農業を営む、自作農体制が戦後日本で確立したことによるところが大きい。日本の第二次世界大戦での敗戦の後、GHQは日本政府に農地改革を実施するように指示をし、地主から安い価格で農地を買い上げ、小作人に払い下げることとなった。この改革により戦前と戦後の農業構造に決定的な差異が生まれたことは事実である。

　しかし、農業団体の体制という点に着目すれば、ことはそう単純なものではなく、逆コースの影響を受けたと思われる議論が見られるのである。この意味では、農業も例外ではなく、逆コースの影響があったと言えよう。第1章で述べたとおり、農会と産業組合という2つの農業団体は、戦前期には異なる役割を農業において果たしていた。独立とともに、自らの政治的利益を主張する自由を手に入れた今、農業分野における政治家たちは、日本は異なる種類の農業者を代表する2つの組織を持つべきであると主張し始めたのである。戦前の農会と産業組合の二団体の並立制に戻すべきであるという議論は、本章で分析されるように、相当程度の実現可能性をもっていたと考えられるのである。

　議論を呼び起こしたもう1つの契機は、農地改革の終わりであった。前述の農地改革の実施過程を通じ、日本は多くの小規模自作農を抱えることとなった。この実務に携わったのが農地委員会であり、市町村レベルの実施担当として、農業者と向き合いながら農地解放を実行したのである。こうして農地改革を完遂した後、1951年に農地委員会は農業委員会へと改組され、農地の取引を監視し、戦前期に見られたような、地主と小作人の間の封建的な

関係が回復することを防ぐこととなった。しかし、満川 (1972) によれば、
農業委員会の置かれた状況は厳しかったとされる。農地改革の実施に比べれ
ば、農業委員会の行うべき農地の取引に関連した業務は格段に減少しており、
この業務は農業委員会という1つの委員会を独立に維持しなくても果たせる
のではないのかという議論が存在していた。また、市町村農業委員会も都道
府県農業委員会も、それぞれ別個の行政機関であり、全国段階での協議会
(全国農業委員会協議会) は法律に基づかない任意組織であった。さらに農業
委員会が農業者の利益を代表する機関だとしても、組合員から賦課金の納付
を受けている農協グループに比べ、財政的には農業者と切り離され国庫補助
に依存していた (満川 1972：226)。農業委員会は、こうした状況を改善し一
組織として存続することを正当化するために、日本農業における何らかの追
加の役割を果たすことを必要としていた。そこで農業委員会は、戦前期には
農会によって行われ、戦後は農協グループによって行われている営農指導と
農政活動に目を向けることとなる (満川 1972：226-227)。

　当時の現職農林官僚やOB、そして農林関係の政治家の中には、日本農業
のシステムを戦前期のものに戻す考えを支持するものも多くいた。元農業官
僚の何人かは、当時農協グループの役員を務めていたが、こうした元官僚た
ちからなる農村更生協会が主催した農業団体法研究会は、その研究成果とし
て農業委員会を戦前の農会に似た組織へと改組して、農協グループから農政
活動と営農指導事業を切り離すことを主張した。この提案は「農事会法案」
要綱として1952年の3月に発表され、提案者たちは、農協からそれらの事
業を切り離す一方で、農業委員会を改組した新組織にこうした活動を担わせ
ることを主張した (満川 1972：227)[1]。

　農協グループは、この問題について内部で対立を抱えており、組織段階に
よって異なる意見を持っていた。全国レベルの農協組織の主導的なスタッフ
は、多くが元農林官僚であり、戦前の農業のシステムを理想としていた。当

---

　　　1) 農村更生協会の主なメンバーは、石黒忠篤 (参議院議員)、荷見安 (全指連)、湯川
　　　　元威 (農林中金)、石井英之助 (全国販売農業協同組合連合会)、那須皓 (農政学者)、
　　　　東畑精一 (農政学者) などであった (満川 1972：227)。

時の全国指導農業協同組合連合会（全指連）会長であり元農林次官であった
荷見安は、前述の「農事会法案」要綱に関与していた。しかし、1952年4
月13日に開かれた関東甲信地区指導連会長会議では、農協グループはこの
ままの組織を維持すべきだとする「総合論」が主張された（満川1972：232）。
他方、同じ都道府県レベルでも農政・生産指導部門担当の主任者クラスには、
旧農会出身の職員も多く、かえって農業委員会に好意的であったことなどか
ら、「総合論」と「分割論」が対立するなどした（満川1972：232）。このよう
に、農協グループはこの問題に関して統一的な立場を示すことができていな
かった。

　官僚や政治家が改革を支持し、農協グループが問題に対する意見を統一で
きずに団結できない、という状況に陥ったことから、組織改革の機運は整っ
たかのように見えた。ここで農林省は、1952年10月25日、「再編成の三原則」
と呼ばれる、農業団体の再編に関する農林省の考え方を発表した。これは全
体としては農協グループよりも農業委員会にとって望ましいものであった。
満川（1972）によれば、第一に、営農指導は、「現行農業改良普及制度を充
実強化して、国、地方公共団体がこれを行なう」こととし、農協グループ側
では行わない。第二に、「農業委員会の全国・都道府県レベルの組織を拡大
し、都道府県および全国に農業会議所を設置し、農民利益の表出と農政活動
を行なわしめる」。第三に、「協同組合の総合指導組織として都道府県および
全国に農協中央会を新たに設立する」（満川1972：250-252）。

　この農林省の方針では、第一と第二の点に関しては、農業委員会によって
の農協グループの政治的活動が奪われ、農政における農協グループの優越的
な地位が弱まることを示していた。第三の点は、農協グループをより中央集
権的にして、統一的な主体としてより効率的な組織運営を可能にする、とい
う意味においては農協グループに利点があったものの、その構想の発展によ
っては、第一点目と第二点目との組み合わせによって、農協の組織は戦前の
産業組合中央会を中心とした、経済活動に重点を置いた産業組合のような役
割を限定された組織へと戻される可能性も含んでいた。その後の議論は、一
点目と第二点目を基にした全国農業会議所・都道府県農業会議の設立と、三

点目を基にした全指連の廃止と、代替としての全中の設立、およびこうした新組織の果たすべき役割は何か、という点を中心として進んでいくことになる。

　自らの政治的影響力が失われかねない状況に陥ったことで、農協グループは農業団体再編成問題に関して、意見を合致させ、組織全体として統一した行動を見せるようになる。第四次吉田内閣は 1953 年 3 月に、農林省案に沿った農業委員会と農協グループの改革法案を提出するが、いわゆるバカヤロー解散によって法案は廃案となる（満川 1972：260-261）。選挙に際して自由党議員の一部は分党派自由党（鳩山自由党）を結成し、さらに法案の成立は難しくなった（満川 1972：261）。選挙後、第五次吉田内閣は自由党少数政権として法案を再び衆議院に提出し、分党派自由党も法案への支持を表明した（満川 1972：261-262）。しかし、野党各党は法案に対してはそれほど賛意を示さなかった。改進党の首脳部は原案支持であったが、金子与重郎ら一部の改進党議員は法案の修正を望んだ（満川 1972：262）。左右社会党は農業委員会法の改正案には反対したが、農協法の改正案には賛成した（満川 1972：262）。

　こうした態度は、それぞれの政党の支持基盤で説明されよう。それはとりわけ社会主義政党の場合に顕著である。社会主義政党を支持していたのは、基本的には農協グループとは異なる農業者組織である、農民組合であった。前章では、農民組合の指導者たちが農協の活動にも関与しており、農協グループの党派性は必ずしも保守色の強いものではなかったことが指摘された。それでは、農業団体の再編が議論された 1950 年代において、農民組合と農協グループの関係はどのようなものになっていたのだろうか。結論から言えば、両者の関係性はこの時期になっても変わらず、交流があった。たとえば西田美昭によれば、新潟県の「代表的な水稲単作地帯であって、水稲作の核心地区」である A 地区では、農民運動指導者 113 名のうち、1950 年から 56 年の間に農協役員を務めた者は 34 名おり、そのうち 11 名は組合長、うち 1 名は県経済連理事を務めていた。また、一人当たり米生産量が 2 石未満で山間部に存在する E 地区の農民運動の指導者 79 人のうち、1950 年から 56 年

第3章　新農業組織設立の試みと失敗

の間に農協役員を務めた者は 15 人おり、うち 1 人は組合長であった（西田 1997：288-289)[2]。こうした数値からは、前章で述べた終戦直後の時期と同様に、1950 年代に入ってからも、農民組合と農協の間で、人的交流ないし人的資本の重複があったことが理解できる。このように、社会主義政党には、自らの支持基盤と大きなかかわりと重なりを持つ農協グループをサポートするインセンティブが存在した。社会主義政党が農協グループと農民組合を通じた関係性を持っていた一方で、農業委員会とはそうしたコネクションを持っていなかった。さらに社会主義政党にとって、農業委員会の組織拡大は戦前のシステムへの回帰であり、かつ権威主義的な政府による市民の直接掌握でもあり、防ぐべきものと考えられたのであった。また、改進党に関しても、三木武夫が率いていた、協同主義を掲げる国民協同党が源流の 1 つであり、同様に協同主義に基づいて活動を行う農業者団体である農協グループとは、主義主張において共通性を持っていたと考えられる。

　こうした政治的困難に直面し、自由党は分党派自由党と改進党と、法案の修正について交渉した。7 月 29 日と 30 日に、これらの政党の代表が集まり、当初の計画にあった全国・都道府県レベルの農業委員会の組織の権限を弱める方向で一致した[3]。当初の農林省の計画では、これらの 2 レベルの組織は市町村レベルの農業委員のみで構成されることとなっていたが、修正の結果、農協グループや他の農業組織のメンバーも含まれることとなり、農業委員会を核とした新組織をつくるという当初の計画は、全ての農業組織の代表としての性格を持つ団体へと変化した（満川 1972：263-264)。これらの修正は、主に農協グループからのロビイングを受けた改進党からの要求であったとされる（満川 1972：264)。

　法案は会期末を迎えたために衆議院を通過しなかったものの、翌年通過することとなる。この農協と農業委員会に関連するそれぞれ 2 つの改正法案は、

2）出典は「昭和三十二年調査　県下農民組織指導者に関する調査」（久保氏所蔵）となっており、個人所有の文書で確認ができないため、西田（1997）に依拠する形で引用する。

3）自由党から平野三郎と足立篤郎、改進党から井出一太郎と金子与重郎、分党派自由党から安藤覚という「農政のベテラン」が代表として集まった（満川 1972：264)。

衆議院議員によって提出された。まず、1954 年 4 月 10 日、自由党から改進党と日本自由党の両党に、農協法、農業委員会法の改正案を議員提出の形で上程することが提案された[4]。当時、大蔵省が協同組合保険法案を提出し農協共済事業を規制しようとしており、改進党は農協法を改正し共済事業の規定を整備することでそれに対抗しようとしていた。そのため、自由党からの申し入れを受け入れ折衝の末合意し、日本自由党もこれに同調した。こうして政府原案に一定の修正を加えた共同案が議員提出の形で 4 月 28 日に衆議院へと提出されることとなった。農協法改正案の代表者は改進党の金子与重郎、農業委員会法改正案の代表者は自由党の小枝一雄であった（全国指導農業協同組合連合会清算事務所 1959：342-343）。今回は政府ではなく議員提出の形式をとったことに関して、全国農業委員会協議会の事務局長であり、のちに全国農業会議所の専務理事を務めた池田斉は、改正法案が通過しやすいように工夫がなされたものである、と後日証言している（寺山 1974：199-202）。

　政府原案からの主要な修正点は、農協法については、共済事業に関する規定の整備、中央会に関する行政庁の監督規定を明確化、団体加入や選挙ではなく総会による役員選任の承認、役員の連帯責任の規定、行政庁の監督規定の整備強化などであり、農業委員会法については、府県農業委員会会議及び全国農業委員会会議所からそれぞれ「委員」の字句を削除し、技術員設置ならびに技術指導の規定を削除、全国農業会議所の理事は 14 人以内とし、農業会議の会員のうちから選任された理事の定数と、その他の会員のうちから選任された理事の定数の合計がそれぞれ 2 分の 1 を超えないようにする、会長および副会長は理事の互選とするなどであった（全国指導農業協同組合連合会清算事務所 1959：342-343）。農協法の改正案は、農協グループの活動の一部として共済事業に関する規定を盛り込むなど、改進党の主張のとおり、農協グループの活動範囲を保護するものとなった。また、農業委員会法の改正案も当初の計画案に比べて、農業委員会の活動範囲を限定し、農協グループに配慮を示したものとなった。都道府県農業会会議、全国農業会議所の名称

4）日本自由党は、三木武吉や河野一郎ら、分党派自由党の一部の議員を中心として1953 年 11 月に結成された。

から、「委員」の文字が抜けるなど、市町村レベルの農業委員会を都道府県レベル、全国レベルで系統化する試みを防ぐものであった。また、技術員、農協グループの側の営農指導員制度を侵食しないように、技術員設置ならびに技術指導の規定が削除された。

　提出された改正法案は農林委員会に付託され、5月18日に参考人から意見を聴取し、19日から21日に審議を行い、22日に採択に付された。両法案とも軽微な修正が加えられ、農協法改正案は、自由・改進・日本自由の三党と、右派社会党の賛成によって、農業委員会法改正案は右派社会党を除く三党の賛成によって可決された（全国指導農業協同組合連合会清算事務所1959：343-344）。

　左派社会党は、中央会の規定や監督規定の強化により農協グループに対する官僚の支配が強まることと、役員の連帯責任の規定による貧農排除を危惧し、農協法改正に反対した。また左右社会党ともに、府県農業会議や全国農業会議への政府補助は農民を代表する機関としての正統性を揺るがすとして、農業委員会法の改正案に反対した。その上で両党は農民組合法案の速やかな成立を求めた（全国指導農業協同組合連合会清算事務所1959：345）。こうした左右社会党の改正二法案に対する態度からは、政府の影響力の強い農業委員会の都道府県、全国レベルへの系統化については反対であることがわかる。一方で、農協グループの組織強化に関しては、官僚からの支配強化に関しては警戒するものの、その存在自体は前提として、農協グループの政府からの自立性をいかに担保するか、という議論を行っていた。もちろん彼らにとっての最良のシナリオは農民組合が農業者を高度に組織化することであったと思われるが、農業委員会と農協グループという2つの農業団体のオプションを示された際には、社会主義政党は農協グループ寄りの態度をとったのである。

　第二保守党であった改進党はどうであろうか。改正二法案の取りまとめや政党間での議論に尽力した改進党の金子与重郎は、上述の改正法案が国会で審議されていた5月13日の衆議院農林委員会において、前国会で改正法案が廃案になった経緯を次のように振り返る（全国指導農業協同組合連合会清算

事務所 1959：345)。「この法案が前国会において政府提案になされたとき、最後の折衝として自由党と改進党の間においてどこまで歩み寄れるかという折衝に入りましたときに、私といたしましては、まず農業委員会に対しての考え方としては、農業委員会というものが各町村に技術員を置いて、そうして技術の指導団体としての体系をとることは、農村の団体を整理統合するどころか、むしろ新しい組織を一本打立てるという結果になるから、これにはまず絶対反対する。それから第二の問題としては、農業委員会はあくまで委員会であるのであつて、これを県段階において農業委員会の会議、中央において全国農業委員会の会議所というふうにして、系統団体というような団体性格を持たせることは、これまた団体の整理でなくて新しい団体をふやすことである、従つて今の農村の現状から考えてみれば、団体の整理をする必要はあるけれども、新しく打立てるということに対しては絶対に容認できない。これが私ども改進党の政府案における農業委員会に対する二つの大きな点であつたのであります。そこで最後の問題といたしまして、技術員というものを農業委員会に置いて、技術指導団体としての事業団体の性格を持たないということと、それから農業委員会そのものの系統団体でなしに、県の農業会議あるいは国の農業会議所というものは、農業を対象にしての各種団体の連合組織だという形にすべきではないか。それから技術員ということをとつて、そうして農業計画等に必要な知識を持つ人であるならばこれは別でありますが、現在改良普及員があり、また協同組合にも技術員がある。そのほかにまた農業委員会に技術員を置くというこ〔と〕は、われわれは許さないということでありまして、その結果この法案は私どもの賛成するところとならず、自由党、政府としてもそこは譲るところでないということで、この法律が廃案になつたのであります」（圏点引用者）。改進党を代表する金子の発言を要約すると、第一に、農業団体再編成問題については、委員会である農業委員会と経済団体である農協は種類を異にする組織であり、再編という文脈でこの２組織を議論するべきではないということ、第二に、農業委員会に技術員を置き営農技術指導を行わせることや、農業委員会を国—都道府県—市町村の三段階における系統団体として整備を図ることは、農協グループの活動範

囲を脅かす脅威であり認められないということ、第三に、農業委員会を系統組織として改組せず農業委員会を技術員の団体とはしないということになろう。前国会でこれらの点について合意ができなかったのだと金子は強調する。

　翻って今回の改正法案では、この点に関して前進が見られ、また妥協したのだと金子は続ける。「しかるに今回自由党の方から私の方に御相談がございましたときに、実はこの農業委員会をこのまま放任しておくならば、この夏の選挙をどうしてもしなければならないことになつておる。しかも現段階における県農業委員会の姿というものは、相当好ましからざるものがある。そこでこの際この選挙を続けて、県農業委員会のようなものを継続することも困るし、何とか本国会においてこれを解決する方法はないかということから相談がありまして、そこでさいぜん申し上げましたところの、技術員の事業団体とはならないことと、それから農業委員会そのものの系統機関というものを新しく打立てない、こういう二つの原則の上に立ちまして、あと事務的な問題あるいは町村農業委員会の部面におけるよりよき改善と見られるような点はそのままのみまして、ただいま申し上げた技術員の問題と系統会議所の問題だけを農業委員会の会議という性格からとつて、その線で一種の妥協をいたしました。一方それと同時に出されました農業協同組合法につきましては、（中略）今問題になつております農業共済の規定というものがほとんどない。これでは現段階のように協同組合の共済事業が相当進展して参りました今日、どうしてもこのまま放任することはできないという切実な問題もありますので、この問題を去年の原案である事務的な改正の中になお差加えまして、一方中央会のあり方〔に〕ついては、いろいろ論議もありますが、一応時間的な関係もありまして、昨年の原案を骨子といたしまして、そのままのんだ形で、協同組合法の一部改正の法律として今回提案したのであります。（中略）そういう経緯で、いわゆる農業委員会法に対しては、改進党が前回におきまして、この線までならば譲歩できると言うた線が今度の原案でありります。しかし協同組合法につきましては、去年の原案に対してプラス二、三の点がありますが、主たる点は、今切実に迫つておる農業共済に対する規定の改正をする。こうういう（原文ママ）ことが加わつて来たわけでありま

す。それが提案した今日までの経緯の内容であります」(圏点引用者)[5]。技術員の団体としての農業委員会の系統性の否定を原則とし、農業共済を法整備することなどを含めて一種の妥協を図ったということを金子は訴える。こうした主張からは、改進党は終始、農協グループの立場に近い位置からこの問題に取り組んでおり、そのことが自由党との相違点となり、前国会では改正案が国会を通らないなど、政治的対立の原因となっていたこと、そして政府原案に比べて農業委員会の活動範囲を制限し、改進党／農協グループ寄りの改正案に両者が歩み寄ったことで、今国会で法改正案が成立することになったことが理解できる。

　こうした対立は実質的で、法案が衆議院を通過し参議院に送付されてからも法案の審議は難航した。5月22日の衆議院本会議での可決後も参議院側の審議は進まず、自由党内部の意見は農協共済事業に関して統一できず、農業委員会法の改正に対する野党の反対もあった。こうした状況を踏まえ、農協と農業委員会、双方の地方代表が上京し、農林委員会所属の議員やその他各党議員に対してロビイングを行った。参議院の農林委員会で審議に入ったのは、会期末間近の5月31日になってからであった。6月3日の審議で、河野謙三(緑風会)の両法案に対する修正案と佐藤清一郎(自由党)の農協法に対する付帯決議を付して、左派社会党を除く賛成によって可決された(全国指導農業協同組合連合会清算事務所 1959：347)。

　河野謙三の修正案は、「中央会および代議員の任期を『3年以内』から『2年以内』に改めること、政府は農協の系統組織と農業委員会、府県農業会議、全国農業会議所との関係について検討を加え、必要に応じて、56年5月末日までに農協法その他の改正の措置をとるべきこと、農業委員会関係においても役員の任期を修正すること」などであった。また佐藤清一郎による農協法改正案に対する付帯決議は、第一に政府は速やかに「農業団体問題の解決に抜本的な措置を講ず」るべきであること、第二に政府は、「農協のおこなう共済事業と農業共済組合がおこなう任意共済事業との分野を調整し、任意共済事業についてもその健全性を確立するための適切な措置を講じ、それが軽

---

5) 表記は国会議事録検索システムによる (http://kokkai.ndl.go.jp/)。

視されないようにする」、としていた（全国指導農業協同組合連合会清算事務所1959：348）。

　しかし、会期延長をめぐって6月3日に衆議院で乱闘騒ぎが起き、それに伴って参議院本会議に修正された法案がかけられるまでにはさらに時間がかかった。農協、農業委員会と政府から、各党ならびに農林委員会所属議員への働きかけが再度行われ、両法案は6月8日の参議院本会議に送付され、参議院農林委員会の修正のとおりに可決された（全国指導農業協同組合連合会清算事務所1959：347）。翌日の6月9日、参議院可決案は衆議院本会議にかけられるものの否決され、5月22日に衆議院本会議で可決された案が再議決され、左右社会党議員が欠席する中、出席議員250人全員の賛成で成立した。改正農協法は6月15日公布、即日施行され、改正農業委員会法は6月30日公布、7月20日に施行された（全国指導農業協同組合連合会清算事務所1959：348）。法改正の結果、農協グループの全国レベルの組織であった全指連がより総合指導機能を高め、都道府県中央会に対する指導などを行う全中へと改組された（満川1972：292-293）。農業委員会側では、都道府県レベルに農業会議、全国レベルに農業会議所が法人として設立された。しかし、市町村の農業委員会の上部組織というよりも、農協を含む各種農業団体の「連絡協議機関」という性格が強いものとなった（満川1972：298-302）。農業委員会の系統化の試みは失敗し、営農指導や農民の利益を代表する機関としての農協グループの活動は、維持されることとなり、その組織としての統一性は、全中の設立によりむしろ高まったのである。

　以上、第一次農業団体再編成問題に対する各アクターの対応を分析した。当初、農協改革が達成される機運は高まっていた。農協のメンバーは当初団結することができず、農林官僚と政治家は農業委員会の側に立ち、戦前のシステムへの復帰を図った。しかし、農協は農業委員会からの攻勢に直面し、その統一性を高めた。改進党の議員の行動や国会での発言、左右社会党の農業委員会・農協組織の改変に関する態度からは、これらの政党が農協グループに近く、その独立性を保護する方向で議論を立てていたことがわかった。そしてその背景には、農民組合と農協グループとの人的なつながりが存在し

た。左右社会党や農民組合との関係性を維持しつつ政策目標を共有することにより、農協グループは組織改革に対抗し、組織の分割を防ぎ、自らの役割として政治的な活動を維持することに成功したのである。

第2節　第二次農業団体再編成問題
―1950年代半ば―

　次の試みは、第一次農業団体再編成の終結の直後の、1950年代半ばに行われた。1954年から1956年にかけて、鳩山一郎内閣の下、日本は農業団体の影響力を弱めようとした。農林省は農協を新たに誕生した農業委員会と統合させ、農林省の下に農業者を直接的な形で再組織し、農協のような政府外の中間団体に頼らなくてもよいようにしようとした。

　農林官僚の企図に加え、本問題には鳩山政権の新農林大臣である河野一郎がその政治化に貢献した。立法過程の分析に入る前に、ここで河野一郎の経歴について触れておきたい。彼の農協グループに対する敵対的な態度には、2つの要因がかかわっていたと考えられる。第一に、河野は農林省に関して批判的な新聞記者であった。政治家になる前、河野は朝日新聞の記者として農政を8年間担当しており、優秀な、しかし農林省に対して手厳しい新聞記者として知られ、農相就任後も、農作物の生産よりも、流通や消費に重きを置く傾向にあったという（寺山1970：273, 275）。河野は政府の政策を非効率であると批判し、日本の貧困の原因であると主張していた（河野2007：75-77）。彼は小農の支持者というよりも、流通業者などの支持者であり、小農保護を第一に考える伝統的な農本主義の反対側にあった。新聞記者として勤務した後、彼は農林大臣の山本悌二郎の秘書官を3か月務めた（寺山1970：277）。彼は農政の専門家とみなされていたし、またそう自負していた。彼はのちに、自身の2年間にわたる農林大臣としての業績の中心となる思想は、新聞記者として学び経験したことに起因すると述べている（河野2007：75）。第二に、河野は都市部選出の議員であった。選挙区は神奈川県であり、東京都に隣接し、日本で最も経済的に発展した地域の1つであった。小農や小作農が少ない選挙区から政治家になったため、河野の支持基盤にはそうした

人々は少なかった。河野は「神奈川向けの都市近郊農政」を追求したと評された（寺山 1970：362）。このように、(1) 新聞記者時代の専門、(2) 選出区の都市度と産業構造、という二点において、河野は「改革派」の農林大臣であり、農協グループを改革する意図を持っていたと言えよう。

　このような議論の中、最も物議をかもしたのは、誕生したばかりの全中と全国農業会議所を統合し、農協グループとは違う新しい農業団体へと衣替えする案であった。前節で分析したとおり、第一次農業団体再編成問題の結果誕生した全中は、営農指導を分掌する農協グループの全国レベルの団体であり、都道府県レベルの団体や市町村レベルの単位農協を指揮・監督する立場にあった。農政活動や監督機能は最も重要だと考えられていたため、農協グループ内における全中の立場は優先されたものであった。一方で、誕生したばかりの全中と、全国農業会議所を含む新しい農業団体の体制は、その活動を始めたばかりであり、その制度運用の実態は未だ確定しておらず、実践の結果次第では変化しうる可塑的な部分がまだ多く残されていた。こうした農業団体の置かれた状況に加えて、農林大臣という責任かつ権限のある立場に就いた河野の問題提起は、大きな意味と実現可能性を持っていたのである。

　農林大臣に就任した河野は、農業改革に取り組み始める。1955 年 4 月 6 日、河野は全国農業会議所に、「現下の町村合併の進行に鑑み、農政滲透上とるべき方策如何」という主題で諮問した。全国農業会議所に法的に与えられた諮問答申・建議の機能に基づき諮問を下した形である。当時、昭和の大合併と言われる大規模な市町村合併の進行によって、市町村農業委員会のカバーする範囲が大きくなっており、さらに都市部と農村部の市町村が合併することによって、ある市町村において農村部の占める比重が低下していた。以上のような点から、農業政策の実行における末端組織と農業者との関係性が希薄になり、政策実行が困難になることを懸念し、末端組織を強化拡充するためにどのような政策が必要かを諮問したものであった（満川 1972：349-350）。さらに農業委員会、農協、農業共済組合の問題点を指摘し、「諸般の事情を勘案し、新事態に即応する農業の末端行政組織及び農業諸団体の在り方につき、答申されることを期待する」と言及している（満川 1972：351）。ここか

らもわかるように、第一次農業団体再編成問題は前年の全中と全国農業会議所の発足で一応の決着を見たのだが、ここで河野は再び、農業団体の再編成を議論し、新農業者団体を建設しようとしていた。また、全国農業会議所側にも、再度議論を活性化させることで、状況を改善させたいという狙いもあった。全国農業会議所や農業委員会としては、その現状に対して2点の懸念が存在した。第一に、予算の確保である。日本民主党（民主党）政権下における1955年度の農業委員会等の予算案は、次章で分析する、米の予約売渡制への変更によって大幅に削減された（満川1972：342, 349）。1955年度予算に関しては、自由党の農林関係議員の協力を得て国会修正で予算を増額するということで解決したのだが（満川1972：342, 343, 349）、今後も予算確保に困難が生じることが見込まれていたため、抜本的な制度変更を必要としていた。第二に、都道府県農業会議は、「団体会員制でなく、会議員体として個人資格で農業会議が構成されて」おり、さらに「市町村農業委員会との間に組織上の連繋がな」く、組織運営や財政基盤上の問題が生じていた（満川1972：349）。

　諮問を受けた農業会議所では、4月8日に臨時総会を開き、答申案検討のために石黒忠篤を会長とした特別委員会を設置した。特別委員会は5月10日に第一回会合、6月10日に第二回会合を開き、町村合併の進行への喫緊の対策と、それに伴う「農政浸透組織のあり方」の2点に関して議論を行った。後者の農政浸透組織のあり方については、以下の3つの形態を案として議論した。

　　1　農協、農業共済組合の現状維持と農業委員会の新指導団体への改組による、市町村における3つの農業団体の並立
　　2　農業委員会と農業共済組合とを改編した新団体と農協との2団体並立
　　3　農協を中心に総合的団体をつくり1団体に統合

以上の3つの案から、第一の案を中心として検討を進めることとした（農業協同組合制度史編纂委員会1968b：67-68）。

　全国農業会議所での議論と並行して、農協グループでも、農林大臣の諮問に端を発した議論に対応すべく、対策方針の検討を進めた。まず、5月7日

の全国中央理事会で「町村合併農協特別委員会」の設置を決めた。そして7月6日に小委員会で方向性をまとめ、7月29日の委員会で、「町村合併に伴う農協の対策について」との名の下で今後の方針を決定し、「農民の利益代表機関たる農業団体は本来自主的組織でなければならない」、「末端における技術指導を農政滲透方策の一環として行わんとする主張は農業経営の実態にてらし適当ではない」、「今後の農業技術指導体制は改良普及事業と農協の営農指導の連繋によって確立さるべきだ、中間団体は不要である」などの点が指摘された。(農業協同組合制度史編纂委員会 1968b：68-69)。農協グループの側では、第一次農業団体再編成問題の際と同様に、政府の影響力の強い新農業団体を設立することには反対を明らかにした。

この頃には、市町村合併に伴って、単位農協も統合する動きもあり、都道府県レベルでも、農協グループ内での反発があった。全指連組合経営部の高梨善一は、政府、または少なくとも市町村合併の主管官庁である自治庁は、農協等の「公共的団体を町村単位に統合させたい意向」(高梨 1954：29)であったと指摘し、それに対する反発が都道府県指導連会長会議や同参事会議で見られたことを伝えている (高梨 1954)[6]。

全国農業会議所では、第一回小委員会を7月12、13日に、第二回小委員会を8月30、31日に開催した。全国農業会議所には農協グループ側の委員もいたが、上述のように農協グループ側ではすでに新農業団体設立には反対の方針を決定していた。さらに、第二回小委員会に会議所事務局から提出された第一回委員会のまとめの資料が、「市町村段階に農業会議所を設け、農政活動と営農指導を合わせ行なう方式を中心」としたものだったため、小委員会では会議所側と農協側の委員が対立することとなった。そのため、小委員会は結論に至らず、起草委員に起草を委任することとした (農業協同組合制度史編纂委員会 1968b：69)。

しかしその後、農業委員会側、農協側共に態度を硬化させたため、答申案の起草は難航した。農業委員会側では、第二回小委員会の多数意見の方向で

---

6) ただし、高梨自身は強硬に反対はしておらず、適正な経営規模の検討が判断の前提になると指摘している。

問題を整理したとする「答申案メモ」を作成したが、「農政滲透と農民の代表機能とを総合的に担当し、農協ならびに共済等の農業諸団体を包括する公共的性格の新団体を市町村に設立すべきである」という、農業委員会側の主張に沿った内容であった。さらに、「現行共済制度の根本的検討」や、新農業団体設立に合わせた県・全国レベルの農業会議、農業会議所と農協中央会との「機能の積極的整理統合」などを求めた（農業協同組合制度史編纂委員会1968b：70）。市町村レベルの農業団体を超え、全国レベルでの団体のあり方にまで言及したことは、農業委員会側には、河野農相の諮問にあった末端の農業組織のあり方のみならず、全国レベルの組織のあり方にまで議論の戦線の拡大をする意図があることを示すものであった。

　これに対し、農協グループ側では9月中旬から会議を重ねたが、農業会議所からの離脱や負担金の不納論などの強硬意見が多く、以下の2点を中央会会長会議の申合せとした。

　1　新団体の不設立
　2　農業改良普及制度の拡充強化と、それとの密接な連係
このように農業委員会側と農協側の意見の対立が大きく、農業会議所として統一された合意に達することが難しい状態となったため、11月29日の小委員会・特別委員会の合同会議で、団体間の分裂回避を主眼とした答申案を作成し、11月30日の農業会議所臨時総会において正式に決定され、農相に答申した。答申案では、問題を「農政滲透ならびに農民の利益代表機能発揮のための体制」と、「それに関連する技術指導体制のあり方」との2つに区別し、それぞれについて農業委員会側と農協グループ側の意見を併記する形となった（農業協同組合制度史編纂委員会1968b：70-71）。

　河野は答申を受けた直後の12月2日の記者会見において、答申を団体再編成問題の結論の河野への一任と解し、指導事業と経済事業の分離とかつての帝国農会的な組織の復活、農協の経済事業への専念、金融制度の二段階化、関連法案の通常国会への提出、などの考えを明らかにした（農業協同組合制度史編纂委員会1968b：71）。河野の発言からは、彼が農業委員会側の立場に立ち、市町村レベルのみならず全国レベルの組織においても現状の体制に改

110

編を加え、新しい農業団体を設立する意向であることが明らかになった。このような再編は、直接的に農協グループの活動範囲を縮小するという点で彼らには望ましくないものであった。また農協グループの主たる構成員であった小農にとっても、金融事業の二段階化などの合理化は、融資の基準がより厳しくなる可能性があることを意味しており、規則的な賃金支払いがあるわけではない彼らにとって、望ましいものではなかったと考えられる。

　河野の発言を受けて、農業委員会、農協グループの両側で活発な政治活動が行われた。まず、12月15日に第3回全国農協大会が開かれ、「新団体建設に断乎反対する」旨の特別決議を行った。この中で、以下の2点を主張した。

1　「農協は経済事業と営農指導事業を併わせ行うとともに組合員の利益代表活動＝農政活動を行なってその使命を果たしつつあるが、今後いっそうこれらの活動を強化する」

2　「農業技術指導は経済事業と一体的関係において行なうことが有効であるから、系統農協の営農指導体制をいっそう整備強化するとともに改良普及制度と密接に連係してその全きを期する」

しかしこの大会に出席していた河野は、新農村建設構想について述べ、その推進母体として新団体の設立の必要性を強調するなど、農協の反対姿勢を意に介さない態度を示した。一方で農業委員会側も、12月26日に都道府県農業会議会長会議を開き、「新農業団体設立に関する決議」を行うとともに、「新農業団体の設立の必要性について」という資料を発表した。この資料では、農協グループの米統制への依存を、経済事業における農民の期待に応えていないと批判し、「国の立場と農民の立場の農政の統一」のために、「農政を滲透する上と下との調和的農業団体、即ち農政指導団体の設置はどうしても必要である」と主張した（農業協同組合制度史編纂委員会 1968b：71-72）。

　12月25日、農林省は「新農村建設総合対策について」の構想を明らかにし、市町村の範囲内の適切な区域単位で新農業団体を設立し、農業委員会をそちらに移行させ、その新団体に新農村の建設を担わせる意向を示した（農業協同組合制度史編纂委員会 1968b：72）。その後、農林大臣である河野も農協

改革における自身の立場を強めた。1956 年 1 月 23 日、衆議院議員で元農林政務官の平野三郎は、朝日新聞紙面で「平野私案」を公表した。この私案は河野の持論に類似しており、平野の背後には河野の意志があると多くの人々が考えたと指摘されている。平野私案は 3 つの部分から構成されていたとされる。第一に、主に農業委員会からなる農民会が設立される。第二に、農林中金は農協グループから分離されるべきである。第三に、各都道府県の信連は、農林中金の下位に位置づけられる（寺山 1970：283；満川 1972：373-375）。農協グループの信用事業の合理化を進め、小農の融資受領可能性を狭めるという点において、平野私案は河野の計画よりも原理主義的なものであった。平野私案が実行された場合、多くの小農が農地を去り、より急進的な構造改革が日本の農業に起こることが予想された。

　河野と平野は農業委員会や全国農業会議所とのつながりもあり、平野私案の公表前に水面下で協議したとされていた。全国農業会議所の池田斉は平野私案作成にかかわったとされ、のちの 1973 年にインタビューで平野私案に関して「実際は池田私案でしょう」と問われた際、池田は「そこまでいわんでくださいよ。まだ存命の方が多い（笑）」と答えている。彼らのもともとの計画は、農協グループにとって急進的な案を提示した後に、農協グループと交渉し、妥協点を探ることにあったという（寺山 1974：203）。

　しかし、結果として河野の試みは失敗した。平野私案への反発は河野の予想よりも強いものだった。当然として全中は、組織の解体につながるこの私案へは反対した。その他にも、参議院における自民党の議員が、1956 年の夏に迫った参議院選挙を懸念して反対した[7]。河野が所属した自民党は、平野私案を支持することによって農協グループの票を失うことを恐れたのである。ゆえに自民党はこの問題に対して中立の立場をとることを決定した。2 月 18 日、自民党は農業団体の再編をしない旨を決定し、2 月 20 日、自民党の執行部は農協グループに対して、自民党は農協グループと競合するいかなる農業団体をも設立しない旨を伝えた（農業協同組合制度史編纂委員会 1968b：76-79）。

　選挙が近づく中で農協グループの票が失われることを恐れるということは

7）1955 年 11 月 15 日、自由党と民主党は合流して自由民主党（自民党）を結成していた。

理解できよう。しかし、それはどのぐらいの実現可能性があったのだろうか。すなわち、仮に農協グループに所属する農業者たちが、自民党に対して好感を抱かなくなったとしても、ほかに投票する政党がなければ、自民党の政治家たちにとって、それほど恐れることはないようにも思われる。その当時、果たして農業者が他の政党に投票する可能性はどのくらいあったのだろうか。それを知るためには、農協グループとその当時の野党である日本社会党や左派系農業団体との関係性を分析する必要があろう。

　農業団体の再編成には、左派政党や左派系農業団体は、軒並み反対の立場を示した。まず社会党の動きについて言及したい。第一次農業団体再編成問題の際は、左右社会党は統合前であり、それぞれ異なった投票行動を議場でも見せていた。その両社会党は1955年10月13日に合流し、日本社会党（社会党）が誕生した。

　社会党は平野私案発表後の1月26日に国会対策委員会を開き、平野私案への反対と、農協強化を通じて新農村を目指すことを決定し、また共産党は2月11日の党機関紙「アカハタ」に農業団体再編成反対の主張を掲げた（満川 1972：381-382）。

　満川（1972）によれば、農民組合の側も、再編成問題に関しては反対の立場を示した。日本農民組合統一派は、1956年度運動方針の中で、政府の新農村建設を、農業保護の補助金の全体額を減少させながら一本化することで「反動ボス」が自由に使えるようにするものであると批判する。その上で、農業団体再編成は「農村の反動化」を狙うものであるとして反対、農民を犠牲にする農協の「営利機関化」の防止やその民主的運営を要求し、農協への官僚統制への反対、農協への国家からの「財政的・技術的援助」の増加、「自主的運営の強化」を要求した。また、農民の自主的技術研究のため、国・地方自治体からの援助と、改良普及員制度の拡充を要求した。もう1つの農民組合である日本農民組合主体性派は、同年の運動方針において、農政にまつわる現状を次のように指摘する。政府は農協の経営難に乗じて、「農協に対する官僚統制を強めて農協運営の自由と民主性を奪いとろうとする」だけでなく、農民統制のために農民会をつくり、農民組合に農民が団結する

ことを妨げ、農民を旧来の支配階級の支配下につなぎとめ、農村を「保守反動の地盤」として維持しようとしている。必要な補助金を削減しながら、新農村建設という名目で補助金を出し、「とくに農村青年を農民会の手したになるように動員して、保守反動による農村支配の地盤をかためようと」している。こうした状況を踏まえ、以下の3点を政府に求めた。第一に、農協を弱める農協の再編成に反対し、官僚の影響力排除、民主的運営、農協経営への政府の援助の増加を求めた。第二に、農民会の設立は「農民を強制的に古い部落にしばりつけ」るものであるとして設立に反対し、新農村建設の運動は農民組合などの「自主的民主的」な団体に行わせるように要求した。第三に、農民組合法の制定、農業者への団結権の付与、団体交渉権や団体契約権の確立、農業者の民主的権利の拡大を要求した（満川 1972：382-383）。

　第2章で述べたように、1940年代終わり頃から1950年代初頭にかけて、社共の対立や社会党内での左右対立などと呼応する形で、農民組合の分裂が進んでいた。しかし、1953年頃から、組織の立ち直りの傾向を見せ始める。1953年の大凶作と風水害、軍事基地問題の発生、MSA協定によるアメリカ余剰農産物の輸入問題など、農地や農業政策に関する喫緊の課題が連続して発生したことに加えて、地主団体の結成による脅威などから、総評からの援助によって左派系農民組合間の統一行動が行われるようになった（満川 1972：545-546）。1956年3月には日本農民組合主体性派の提唱により、「戦後農民運動十周年記念祭」が、日本農民組合主体性派、日本農民組合統一派、新農村建設派、全国農民組合、農民総同盟、全国農民連盟、全日本開拓者連盟の合同で行われ、社会党委員長の鈴木茂三郎、共産党第一書記の野坂参三、労働者農民党の黒田寿男が出席するなど、左派系農業者団体間の協調に向けた機運が誕生していた（満川 1972：546）。1955年10月に左右社会党が統一されたことも、こうした動きを後押しした（満川 1972：545）。このように、左派系農業者団体間の対立にも軟化の兆しが見えてきていたことにより、彼らが農業団体再編成問題に関して、より実質的なメッセージの発信や行動を可能にする基盤が形成されつつあったことも、日本農民組合の各派がはっきりとこの問題に対して反対の立場をとりえたことに寄与したと考えられる。

しかし河野は、依然として新農業団体設立に固執していたとされる。2月21日、河野は新農業団体を設立する旨を記者会見で言明し、農林官僚の小倉武一を中心として「農業会議所制度要綱案」を作成させたが、「新たに市町村農業会議所をつくり、部落団体を通じて農家へとつながる」、「新団体は系統組織としての農政指導団体とする」、「新農村建設の策定と指導にあたり、融資のあっせん等も行なう」などと当初の案とそれほど変わらない要綱案であった。また農業委員会側も3月1日に「農政団体の確立促進決議」を打ち出し、新農村建設計画のための新たな自主的系統農業団体の設立の必要性と、そのための農業委員会系統の機能拡充と発展的改組を訴えた（満川 1972：388）。

　こうした状況に際し、農協グループは一段と反対の姿勢を強めた。2月24日に農業団体特別委員会を開き、(1) 新農村建設計画は市町村の責任で行うべきで新団体設立は不要、(2) 農協は「計画実施の中核体」であり、計画実施に際し「農協総合事業計画」との連係を考慮すべき、(3) 計画の責任は市町村にあり、「農業委員会は現行法の所掌事務の範囲で関与するのが適当」、などと主張し、3月13日には新団体設立反対全国農協組合長大会が開かれた（農業協同組合制度史編纂委員会 1968b：79-80；満川 1972：388-389）。

　農業関係者以外にも、新農業団体建設に反対するアクターが存在した。全国町村会である。全国町村会は3月7日、「町村行政ならびに新農村建設総合対策に関する要望」を明らかにした。農林省案と市町村行政との遊離を遺憾とし、町村農政の町村行政への一元化、技術指導・農地事務・統計調査等の町村長所轄下の処理、新農村建設総合対策の樹立実行の町村行政との一体化、町村予算を通じた補助、などを求めた（満川 1972：389）。町村会は、新農業団体の設立によって、自らの権限が脅かされること、さらには農林省の下に農業者が組織化されることに警戒感を示したものと考えられる。

　こうした状況を踏まえ、自民党内でも新農業団体を建設することには慎重な意見が大勢となり、3月15日には河野農相と自民党農林関係議員の会合が開かれた。その結果、新農業団体の建設は行わず、農業委員会法を改正の上、その組織や機能の拡充を図ることで合意がなされた（満川 1972：389）。農業

委員会法の改正案は、1956年4月24日に第24国会に提出されたが、同年秋からの第25臨時国会、および同年12月からの第26通常国会での継続審議となった。その間、自民党と社会党との間に法案に関して交渉が行われた。社会党は当初は断固反対の立場をとったものの、その後改正案の修正を図る立場へと転じ、12月2日に自民党と社会党との間の交渉が妥結した。農業委員会の定数を政府案より減らし、公職選挙法によって農業委員を選出することで、社会党が懸念する農業委員会の農業会議所への系統化を防ぐことを目指した（満川 1972：394-397）。また、全国農業会議所の十年史では、この際の改正案に対する社会党の態度を、「このように社会党が当初強く反対し、また修正に熱意を示した背後には、もちろん社会党としての基本政策の立場からであったとはいえ、新団体の設立には絶対反対、行政機関としての農業委員会の整備には消極的賛成、ただしその系統性の強化にはできるだけ反対という態度であった農協側の意向が強く反映した事実を否むわけにはいかないのであった」としている（農民教育協会 1966：136；満川 1972：397）。こうした、社会党の行動には農協グループの主張が影響を及ぼしていた、という農業会議所側の評価からも、農協グループと社会党の間の連携やその主張の共通性を読み取ることができよう。その後、第26通常国会にて、改正案は、1957年4月5日、衆議院農林水産委員会を通過、本会議で可決された。参議院に送付され、4月11日、付帯決議をつけて参議院農林水産委員会で可決。4月17日、参議院本会議で可決された（満川 1972：398-402）。

　このように、河野一郎の強いイニシアティブによって再提起された農業団体再編成であったが、農協からのみならず政権党のメンバーや野党メンバーからも批判を受け、当初の計画からは大きく後退したものとなった。農業委員会は構成人数を拡大されたものの、農業委員会を新農業団体に改組して新しい政策の担い手とし、農業会議所へと系統化する当初の試みは成立しなかった。とりわけ、自民党内からの批判は強かった。その背後には、野党の社会党や、左派系農業団体の農民組合が、農協グループの存続・拡充を基本的に支持していたことがあると考えられる。このような状況下では、自民党の政策次第では農協グループの支持が自民党から離れていく可能性が大きくあ

第3章　新農業組織設立の試みと失敗

り、河野の提案は自民党にとって受け入れがたいものであったと考えられる。農業者の党派性が未だ流動的であったからこそ、政権与党も農協グループの立場を尊重せざるをえなかったのである。

第3節　農業基本法と農業団体のあり方

農業基本法の成立まで

　三度目に農業団体のあり方が議論となったのは、1950年代後半から1960年代初めにかけて議論された、農業基本法の成立過程の中である。当時の西ヨーロッパ諸国において、営農規模を拡大し、農業を若い世代へと継承していくことを目的とした新しい農業政策が採用されており、こうした農業構造の改善を目的とした政策に影響され、日本においても農林官僚と政治家によって類似の立法が検討されていた。こうした機会をとらえ、農業委員会は日本農業の構造改革を行う権利を得ようと活動したのである。

　農業協同組合制度史編纂委員会（1968b）によれば、このような議論が浮上した背景には、3つの要因があるとされる。第一に、「農業と非農業の所得格差」の拡大である。農家所得は、都市のサラリーマンや労働者世帯の所得に比べて1952年頃までは上回っていたが、その後は豊作だった1955年を除いて格差が拡大した。この格差は消費水準の都市と農村の差異にも反映され、1955年から1958年までの間に、都市部では消費水準は17%上昇するも、農村部では8%にとどまるなど、高度経済成長の始まりに際して、都市部と農村部との経済的な格差の拡大が見られ始めていた。第二に、「農産物に対する需要や価格水準の低迷」である。農産物の消費は、終戦から1953年頃までは急速に伸びたものの、戦前と同水準に回復してからはその需要の伸びは鈍化した。一方の農業生産は1955年の米の豊作を機に、戦前水準を30%上回る水準で安定したため、農産物価格は1954年から徐々に低下していった。こうした状況は、農業者や農業団体の指導者たちに不安をもたらした。第三に、「農業者の階層分化の進行」である。高度経済成長の始まりとともに農業人口の流出が顕著となった。また農業構造にも変化が見られ、兼業化、と

りわけ農業以外の産業が主となる従事産業である第二種兼業農家の増加が顕著であった。また、1955 年から 60 年の間には、耕作面積が 50 アールから 1 ヘクタールである中農層の減少と 1 ヘクタール以上の大規模農家の増加という「両極分解」の様相を呈していた（農業協同組合制度史編纂委員会 1968b：132-133）。このように、都市農村間の収入格差や農産物需要・価格の低迷、農業者の階層分化の進行という課題に直面する中で、農業の生産性を向上させ、農業による収入を確保する政策を実施する必要が、経済成長と産業構造の高度化とともに生じていた。

　前節でみたように、農業団体を再編成し、農業委員会を中心とした新組織で農業者を組織化するという二回目の試みは失敗に終わったのではあるが、議論の火種が完全についえたわけではなかった。新しい法律が成立し、1957 年 7 月 16 日に法改正後初めての農業委員の選挙が行われたが、その後の 1958 年 2 月 27 日には、赤城宗徳農林大臣から、全国農業会議所会長に対して、「農委における農業および農村に関する振興計画の樹立及び実施の推進上の問題点及び対策如何」という諮問が出された。この諮問の解釈についても、農業会議所側と農協グループ側で対立が生じた。すなわち、農業会議所側では、この諮問は「農業・農村全般の問題」だと解釈し、農業委員会制度の再検討も含んだ広範な検討事項案をつくった。一方の農協側では、諮問は団体間の関係性にまで踏み込んだものではなく、農業委員会の「振興計画の立て方や実施の仕方」に限定されたものだととらえ、全中会長名で「この諮問は現行制度の下において農委が計画を樹立し、実施、推進する上の問題点および対策について答申を求めたもの」（傍点原著者）だとして、検討範囲の限定を申し入れた。その後 1 か月間ほどの折衝があり、最終的には「ほぼ農協側の意見を入れた答申案」がつくられ、9 月 2 日に三浦一雄農林大臣に答申された（農業協同組合制度史編纂委員会 1968b：83）。第二次農業団体再編成問題が河野農林大臣の全国農業会議所への諮問から始まったように、改正法案の成立でいったんは収まったかに見えた農業団体のあり方をめぐる議論にも、まだ再燃する余地がこの時点でも残っていたのである。上述のように都市農村間の収入格差や農産物需要・価格の低迷、農業者の階層分化の進行と

いう課題に直面する中で、1957 年 8 月 21 日、農林省は日本における初の農林白書を出版した。白書では、農家の低所得、食糧の生産性の低さ、国際競争力の低さ、兼業農家の増加、農業者の高齢化など、日本の農業の低生産性が批判された（満川 1972：481-482）。農業の抜本的な構造改革の必要性が認識され始めていたのである。

　しかし上述のように農業委員会の権限拡大の議論が、農協側の意見を入れた答申にてひとまず終結した後、議論は農業団体の再編よりも新しい農業法の設立を中心として進み、農村法制研究会と全国農山漁村振興協議会の 2 団体が議論を開始した。農村法制研究会は「旧農林官僚を中心」とした研究団体であり、1957 年夏から農林水産基本法制に関する研究会を重ね、1958 年 3 月に「農林水産の基本関係の整備に関する法律に関する方針」をまとめ、「農林水産関連法律の整備と長期経済計画の結合を主張し」ていた（農業協同組合制度史編纂委員会 1968b：134）。全国農山漁村振興協議会は、鳩山内閣によって 1956 年度より実施された新農山漁村建設総合対策の法制化を目標として 1957 年に発足したもので、事務局は全国農業会議所に置かれていた。しかし新農山漁村建設総合対策が行き詰まり、その法制化の見通しが立たなくなったところで、1958 年 4 月に、その活動目標を新農村建設対策の法制化から農業基本法の制定へと転換した（農業協同組合制度史編纂委員会 1968b：134-135）。

　こうした運動は、農業予算の拡大を目指す与党議員の関心を引くところとなった。自民党政務調査会農林部会は、1958 年 7 月 22 日から 8 月 4 日にかけて、「農林省各局庁長官や民間学識経験者を招き、7 回にわたって農業基本法に関する研究会を開」き、自民党の農林関係議員は西ドイツ農業法の内容を知ることとなった。西ドイツ農業法は、経済復興に伴う農業と鉱工業の間の不均衡の解消のためにアデナウアー政権下で成立した法律で、農業の生産性向上、農業構造の変化による他産業との不均衡是正、採算のとれる健全な農家の維持育成による農業労働者への適正な賃金・農業経営者への適正な報酬・農業資本家への公正な利子の支払いの実現、などを目的としていた。政府に毎年農業白書を議会に提出することを求め、「前年度の農家収支状態を

経営規模・経営形態・経営方式・経済地域別に明らかに」し、現状の農業経営が他産業に比して「適正な賃金や経営者報酬や資本利子を支払いうる状態にあるかどうか」を明確にしなければならないと定めていた。本法の制定以降、西ドイツにおける農業計画のための特別予算支出も増加しており、自民党の農林議員は良いモデルになると考えたとされる。同じ頃、他の西ヨーロッパ諸国における同様の農業保護政策が日本へと紹介され、「国内農業生産の増大と生産性の向上を目的とした」イギリス農業法（1957年）、「食糧自給と農業保護をうたった」スイス農業法（1953年）などが知られるようになった（農業協同組合制度史編纂委員会 1968b：135-137）。

　1958年7月には、自民党参議院議員である元農林省食糧局長の田中啓一が「農業近代化法」と題した試案を打ち出し、最後まで成案とはならず試案にとどまったものの、農村人口の他産業への吸収などを含み、具体的数値目標を伴った農業の大規模化を掲げていた（農業協同組合制度史編纂委員会 1968b：137）。成案とならなかったとはいえ、この段階では自民党内では農業の近代化＝生産規模の拡大による生産性の向上というラインで議論が進んでいたことが確認できる。

　農業基本法制定運動は、前述の自民党農林部会の研究会と同時期の1958年7月11日に発足した農業基本法研究会によって具体化されていった。この研究会は自民党政調農林部会、国会常任委員会事務局、国会図書館、全国農山漁村振興協議会、全国農業会議所、全中などの有志で構成され、7回にわたって検討会を重ね、8月30日に「農業基本法の構想（第一次試案）」をまとめた。その第一「目的」において、（1）食糧と原料の合理的供給による国民経済の長期的発展への寄与、（2）他の産業部門と均衡した農業の生産性向上、（3）農業者の経済的・社会的地位向上のための農業と他の産業群との所得均衡、（4）農業への特別助成策と農業や関連政策の総合化・計画化、という4項目を挙げている。その具体的措置としては、（1）農林大臣による前年に関する農業報告書の作成とその毎年の国会への提出、（2）内閣総理大臣による農業政策大綱の作成とその毎年の国会への提出と審議の要求、（3）大綱に関連する政策の財政支出のその年度の歳出予算への計上の義務づけ、（4）

政府による本法の目的に即した農業長期計画の策定、(5) 本法の運営に関する内閣総理大臣の諮問機関としての農業基本政策審議会の設置、の5点を挙げた。前述の田中啓一の「農業近代化法」試案が「農村人口整理＝農業の企業整理」という方向性を打ち出していたのに対して、こちらは「農業の生産性向上と他産業部門との所得均衡」を主眼とし、「農業基本政策に必要な財政支出を義務づけようとしている」とされる（農業協同組合制度史編纂委員会 1968b：137-138）。

この後、全国農山漁村振興協議会が全国農業会議所の系統を通じて中央の動向を地方に流したことで、地方の農業団体幹部の間に農業基本法制定運動が広まった。運動は福島・秋田・山形・新潟・山口などの各県で農業会議を中心として始まり、11月6日に開かれた第6回全国農協大会でも21府県の農協組織から同法制定を議題に取り上げるよう提案された（農業協同組合制度史編纂委員会 1968b：138）。

このような運動の盛り上がりに政党の側も反応し、自民党では政調会に農業基本法特別委員会が設けられた。また、社会党でもこれに対抗して、政策審議会に農業基本法小委員会を設けた。また全国農業会議所は、11月7日に臨時総会を開き、「農業基本法制定にかんする調査会設置の要望」を決議して政府・国会に陳情した（農業協同組合制度史編纂委員会 1968b：138）。以上のように、農業基本法の制定には、第一に自民党、とくに農林議員たちが、予算獲得という側面を主にして積極的な動きを見せていた。また全国農業会議所も、自身が議論の端緒を開いたことからもわかるように、自らの組織の拡充を目指して、積極的な姿勢を見せていた。また、社会党でも、農業基本法のあり方に関して検討する姿勢を見せていた。一方で農協グループに関しては、この時点では地方組織からの運動にとどまっていて、全国レベルではまだ議論には消極的であったと言えよう。

農林省や政府は当初基本法制定には消極的であったが、上述の自民党議員などからの動きもあり検討を始めたとされる。まずは基本法制定のための調査会ではなく、あくまでも「基本問題と基本対策を明らかにする」目的で「農林漁業基本問題調査会」を設置した。農林漁業基本問題調査会設置法案

は 1959 年 4 月に国会で成立し、5 月には農林大臣官房に農林漁業基本問題調査事務局を設置し、局長は小倉武一農林省審議官が任命された。調査会の委員には非国会議員の 30 名が選任された。会長は東京大学名誉教授の東畑精一、委員の内訳は、農業団体の会長 2 名、地方公共団体長 2 名、財界人 4 名、農政学者 4 名、経済学者 2 名、評論家およびジャーナリスト 5 名、元農林官僚 4 名、元大蔵官僚 1 名、農業技術関係者 2 名、林業および漁業関係者 3 名であった。審議は 1959 年 7 月 7 日より始まり、9 回の総会と「構造・受給・所得の三小委員会」における審議を経て、「農業の基本問題と基本対策」と題した答申を取りまとめ、1960 年 5 月 9 日と 10 日に行われた第 9 回総会にて決定された（農業協同組合制度史編纂委員会 1968b：139-141）。

　この答申では農業者と他産業従事者の格差の拡大を指摘し、4 つの原因を挙げる。第一に、日本農業の生産性・能率の低さである。耕地が狭く人口が多いが故の零細経営という戦前以来の特徴と、労働力余剰、経営規模の小ささ、土地制度、資本不足、過剰投資などの資本の不適正利用、知識不足などの結びつきが原因だとされた。第二に、農産物価格の脆弱性である。農産物の生産に、農産物の価格の上下に対応した増減産をしにくく、所得増加が難しい。また、生活水準の上昇に伴い、消費者も収入増の割には食糧を買わなくなっている。さらに農家の多さや安い外国農産物との競争により農産物の価格は非農業に比べて不利になりやすいとする。第三に、農業から他産業への就業者の流出が進まないことである。理論上は、農業所得が低ければ農業者は他産業へ転出し、農業就業人口の減少により農業に残った人々の一人当たりの所得は上がる。しかし非農業全体の賃金水準は未だ低く、新卒採用と年功序列式の給与上昇というシステムをとる大企業や縁故採用の多い中小企業には中途就職が難しい一方、農業は農繁期に合わせた労働力余剰を前提として経営され、イエと土地の結びつきにより農村からの移動も起きにくい。第四に、農業生産の天候への依存、予測の外れによる農産物価格の低下など、収量と価格の両面から所得の変動を受けやすい（農業協同組合制度史編纂委員会 1968b：142-144）。ここでは、農業そのものの特徴や日本農業がおかれた環境による要因も、日本農業の現状に大きな影響を及ぼしているとしている。

構造的な問題に注目し、日本の農業者をそれほど帰責しておらず、現状の生産性の低さや非流動的な農業労働市場は、ある程度不可避なものとしてとらえられていることが特筆されよう。

　続いて答申は、日本経済の現状と将来について、(1) 高度成長と所得増加による食生活の変化（米需要の減少）、(2) 非農業部門の拡大による労働力需要の増加に伴う農業合理化と労働生産性上昇の必要性、(3) 貿易自由化の進展に伴う海外農業との競争激化、などを指摘し、その対策として (1)「所得の均衡」、(2)「生産性の向上」、(3)「構造の改善」、の3つを提案する。(農業協同組合制度史編纂委員会 1968b：144-145)。所得の均衡・生産性の向上・構造の改善の3つの対策から、これまでの労働集約的農業からの脱皮を図り、より近代的な農業への転換が提唱されたのである。

　答申を受けて、農業基本法の作成過程が始まった。自民党は、答申から3か月ほど経った1960年8月15日および9月5日に発表した新政策で、「農業基本法の制定」を公約した。また8月中旬に農林省が自民党の新政策立案のために準備した「農林漁業の新政策要領」でも、「農業基本法（仮称）の制定」の項を設けた。さらに8月23日、農林省は省内の各局長と庁長官からなる農業基本法起草委員会を設けた。並行して大臣官房企画課は8月はじめから農業基本法の作成を開始し、8月24日に「年次報告」、「農政審議会」の規定があるA案、8月29日に「協同会社」、「生産組合」、「農林漁民厚生公庫」などの規定がある、より具体的な農業基本法大綱（いわゆる「B案」）、9月24日には抽象的な、宣言法的性格のC案を作成した。その後9月22日に起草委員会はB案と同様の「農業基本法（仮称）案」をまとめ、一部の字句修正と条文変更を加え、10月1日に「農業基本法（仮称）案（幹事会試案）」を、10月15日に「農業基本法（仮称）及び関連法律要綱（委員会試案）」を公表した（農業協同組合制度史編纂委員会 1968b：145-146)。

　この委員会試案は、「第1章　総則」の「第1条（この法律の目的）」では、立法目的として「国民経済の成長発展に即して需要に適合した国内農産物の供給力を増大し、資源の有効な利用を促進し、農業構造を改善し、農業従事者に対し非農業従事者と均衡する経済的・社会的地位を確保すること」を挙

げる。「第2条（必要な施策）」では、「(1) 農業生産の選択的拡大、農産物の販路拡大、市場の近代化、加工業の拡充と合理化、(2) 人材の確保と離農の促進、(3) 土地、水資源の有効利用、生産性向上、(4) 規模拡大、集団化等農地保有の合理化、農業構造の改善、(5) 所得均衡」の5点の施策を挙げている。第3条と第4条では、政府が国会に年次報告を提出し、それに伴う施策を明らかにすることを求めている。「第2章　農業生産」では、第5条で、「主要農産物の需要と生産に関する長期見通し」を農林大臣が行うことを義務づけ、第6条では「選択的拡大」という表現を盛り込み、そのための施策を講じることを求めている。「第3章　価格及び流通」では、第10条で「農産物の加工又は農業資材の生産に関する業務を営むことを目的とする株式会社」で一定の要件を備える「農業協同会社」に関する規定が、第11条で「海外農産物との関係」について輸入制限や賦課金の徴収などの保護貿易主義的な規定があった。「第4章　農業構造の改善」は構造改善に関する具体的規定を定めており、「第12条（農業構造の改善）」には、「自立経営」の育成や「家族農業経営の発展のため」の「協業」の促進、離農希望者への離農援助が含まれている。「第13条（経営類型）」では「主要農業地帯別に自立経営の経営類型を明らかに」すること、「第14条（農地等の相続）」では農業資産が「共同相続人のうち農業を営もうとする者一人に帰属するように考慮すること」、と規定している。「第15条（協業に関しての農業協同組合法の改正）」においては、「農業従事者の協同組織」である「農業生産協同組合」のための農協法の改正が定められている。第16条では「農業生産法人」に関する規定が詳細に定められ、農業生産法人は条件を満たした農業生産協同組合、合名会社、合資会社または有限会社とされた。「第20条（農業協同組合の農地等の信託の引き受けに関しての農業協同組合法及び農地法の特例）」では、「公庫・公団の乱立」への非難などを考慮し、農業基本法大綱（B案）にあった「農林漁民更生公庫」の構想に替えて、農協による農地信託制度を提示した。第5章は、総理府に置かれ「農政に関する重要事項を調査審議」し首相や大臣に建議することのできる学識経験者から構成される「農政審議会」を規定していた（農業協同組合制度史編纂委員会 1968b：146-148；農林省監修・全国農

業会議所 1961：250-255）。

　委員会試案の内容からは、所得の均衡、生産性の向上、構造の改善を対策として提案した農林漁業基本問題調査会の答申の延長線上に、日本農業の近代化を強く打ち出した法案であったということが言える。とりわけ、選択的拡大や離農促進など、議論を呼びかねないような大きな政策転換を、明示的に述べていた点が着目されよう。また、第4章を全て農業構造改善に当てて、規模拡大を念頭に、農地が分割相続により縮小しないようにすることなど、具体的な措置も示されていた。ただ、農林漁民更生公庫の構想が、農協による農地信託制度になったように、当初案から現状に近い案への後退も見える。

　農林省では、この委員会試案を中心に委員会内部で農業団体や各方面の意見を聞きながら検討を重ね、11月30日には修正意見も組み入れた改定案（幹事会第二次案）を作成した。同改定案は6章28条（第1章　総則、第2章　農業生産、第3章　価格および流通、第4章　農業構造の改善、第5章　農業行政機関及び農業団体、第6章　農政審議会）から構成されていた。委員会試案からの主な変更は、農業協同会社の育成が、「政府が農協、同連合会の行なう事業を推進するとともに、この促進のため必要な施策を講ずる」と修正された点と、農業生産協同法人に関して、政府が「共同事業を推進させたり必要な施策を講ずる」と後退した点であるとされる。作成された改定案は12月8日に「農業基本法（仮称）案要綱」となった（農業協同組合制度史編纂委員会1968b：148）。

　さらにこれに修正を加えた農林省原案が12月20日に「農業基本法（仮称）案要綱」として決定された。10月15日の委員会試案と基本的考え方は共通しているものの、以下の修正が加わっていると指摘されている。(1) 具体的規定を関連法案で定め基本法は「抽象的な宣言」とした。(2)「農業生産性向上」と「農業従事者とこれに比較しうべき他産業従事者の生活水準の均衡」の2目的を明示した。(3)「この目標達成を政府と地方公共団体の施策として義務づけ」、「農業従事者の努力と農業団体の活動」も求めた。(4)「生活水準の均衡」のため「政府の施策に農村環境の整備」を付加した。(5) 農業政策の地域差に配慮した。(6)「農業生産の調整」を加えた。(7) 農林

省の機構改革と「農業団体の整備」も盛り込んだ（農業協同組合制度史編纂委員会 1968b：148-149)。とりわけ、1点目に関連するところでは、委員会試案の中で詳細に規定されていた「第4章　農業構造改善」の中の農業生産法人に関する規定や国有林野の売渡し等に関する規定がなくなっている。また、海外農産物との関係においては、委員会試案では賦課金の徴収などにまで踏み込んでいたが、ここでは「外国産農産物等についての関税の適正化、輸入の制限その他必要な措置」というように、一般化された規定に修正されている[8]。以上の修正点からは、基本法が当初のB案から抽象的な農業憲章に近いC案へと近づいていることがわかる。そのほか、農村環境の整備という、農業以外の農村政策につながりうる項目が付加されていること、施策を画一的なものでなく地域ごとにカスタマイズすること、などが特筆されるであろう。

　以上の農林省原案をもって、農林省は大蔵省や自治省などの関係各省との意見調整を始め、また自民党政調会の農林部会と農林漁業基本政策調査会に説明し、自民党側との本格的意見調整をはかった。自民党側でも、12月22日、農林省関係者を呼んで説明会を開き、その後数回にわたって自民党農林漁業基本政策調査会を開いて修正点を練り上げ、翌年の1961年1月30日、自民党として、農林省原案への修正意見を主に3つの観点からまとめた。(1) 農林省原案の「経済合理主義」偏重を修正し、農業保護の旨を「前文」で明らかにするべきである。(2)「自立農家の育成」と「協業化の促進」を並立させるのではなく、「家族経営主義の確立」のため前者を優先すべきである。(3) 農業・非農業の所得均衡のための財政支出を基本法で規定すべきである（農業協同組合制度史編纂委員会 1968b：149-150)。前述の委員会試案に比べて、自民党議員の側からは農業保護の協調とその趣旨に基づく前文の追加、自立農家育成の優先、国家財政による所得均衡の支援、といった、保護主義的な色彩が強い修正案が提起された。

　これらを反映させ、自民党の農林漁業基本政策調査会農業基本法小委員会

　　8）GATT、IMFとの関係、アメリカからの自由化要請によって後退したとされる（農業協同組合制度史編纂委員会 1968b：147)。

は、2月4日に「農業基本法修正案要綱」を発表した。この修正案の「前文」では、「農業及び農業従事者」がこれまで日本社会や経済に果たしてきた「使命」と農業・他産業間の格差の拡大を指摘し、農業が被る諸制約に配慮しその近代化・合理化や農業・他産業間の均衡を図ることは「国民の責務」だと位置づけている。また、第1章第3「予算の確保等」には、予算確保を政府に義務づけるよう「施策を実施するため必要な金額を予算に計上する」という規定を入れた。第1章第2「必要な施策」3に「農業総生産の増大を期する」という項目を追加し、第3章第10「農産物の価格の安定」では、農業をめぐる「不利を補正する施策の重要な一環」として価格の安定のための施策を位置づけた（農業協同組合制度史編纂委員会 1968b：150；農林省監修・全国農業会議所 1961：43-44, 260-265）。前文の追加は、保護主義的な色彩を明らかにするよう求めた1月下旬の自民党内での議論を踏まえたものであると考えられる。その中で、農業の産業としての本来的な脆弱性を明記し、農業者の生活水準と他産業の均衡は国民の責務であるとする点は、農業の近代化という当初の立法目的から大きな飛躍を見せ、その保護を政府だけではなく国民一般にも求めるものであることが特筆されよう。この立法理念は、農業保護を正当化する際に重要な意味を持つ。さらに価格政策についても、農業をめぐる不利な条件を前提として、その補正の一環であるという位置づけを行い、その正当性に論拠を与えたのである。

　この自民党の修正案は2月16日の政府の事務次官会議で議題となったが、軽微な修正のみ行い、概ね修正案の方向性で議論が進んだ。政府の農業基本法法案は2月17日の閣議で軽微な修正を経て正式に決定され、18日に第38国会へ提出された。社会党は2月8日に、民主社会党（民社党）は3月31日に、それぞれの党の基本法案を国会に提出した。政府案は4月27日、衆議院農林水産委員会における自民党の強行採決を経て、6月6日、参議院本会議において可決成立し、社会党・民社党の農業基本法案は審議未了となった（農業協同組合制度史編纂委員会 1968b：150-151）[9]。

　9）また第38国会には、農業基本法関連法案として11の法案も政府より提出されたが、成立したものは「果樹農業振興特別措置法」と「農業協同組合合併助成法」の2法案に

これまで、農業基本法の成立過程を分析してきた。第二次農業団体再編成問題が決着を見た直後から、農業者と非農業者との間の所得格差の拡大、農産物需要や価格の低迷、農業者の階層分化の進行などの問題の発生や、西ヨーロッパ諸国における新たな農業法の立法とそれに伴う予算の増大にも影響され、対策として農業構造の改善を図る新政策が企図された。こうした新政策を実施するにあたり、農業関連予算を確保するその実行部隊として、農業委員会を改組した新農業団体の成立や、新たな農業法の立法が検討された。しかし、農林省や自民党内の農林議員らによる検討の結果、新農業団体の設立は見送られ、農業基本法の制定を中心として議論が進んだ。当初の議論は農業の近代化に軸足を置いたものであったが、自民党農林議員らによる議論や修正の結果、徐々に所得の均衡や予算の手当ての明示化といった、農業保護主義的な色彩を帯びた法案となり、さらに具体的なことは別法で規定することになり、具体性が消え抽象的な法案となっていった。

各アクターの農業基本法に対する対応

　本節ではこれまで、政府と自民党を中心として農業基本法の成立過程を分析してきたが、他の政治的アクターはどのような態度を示したのであろうか。以下、全国農業会議所・農業委員会、農協グループ、社会党・農民組合など、の順で彼らの主張を分析していく。

　全国農業会議所は、前述のとおり 1958 年に農業基本法制定運動の端緒を開いた。全国農業会議所は「零細農業構造を前提に農政の確立と農民の所得確保を求め」たのだが、農林漁業基本問題調査会の答申と農業基本法案は、

とどまり、「農地法一部改正」、「農協法一部改正」、「農業近代化資金助成法」、「農業協同組合合併助成法」、「農業信用基金協会法」、「大麦、はだか麦の生産及び政府買入れ特別措置法」、「大豆、なたね交付金暫定措置法」、「畜産物の価格安定等に関する法律」、「農災法の一部改正法」、「中央卸売市場法一部改正法」の 9 法案は不成立に終わった。農地法および農協法の一部改正法案は 1962 年 5 月に第 40 国会で成立した。農業近代化資金助成法案および農業信用基金法案、畜産物の価格安定等に関する法案は、1961 年10 月に第 39 国会で成立した。大麦、はだか麦の生産および政府買入れ特別措置法案は第 39 臨時国会にて、農災法の一部改正法案は第 40 国会にて、審議未了、廃案となった（農業協同組合制度史編纂委員会 1968b：151-152）。

「農業構造の改善を大筋としている点」で異なっていた。しかし、それでも現状よりは答申案の方が農業会議所・農業委員会にとっては自組織の存在理由としての新政策が実施されるという点で望ましく、政府・自民党の農業基本法案については、「条件付き賛成」の立場をとった。全国農業会議所は1960年8月30日に、「総則」、「農業計画」、「農業構造の改善」、「農産物価格の維持」「雑則」の5章38条からなる「農業基本法草案要綱」を作成した。全5章のうち、「第三章　農業構造の改善」が第8条から第25条に及んでいる。「第12条　自立経営の地帯別基準の決定」では、「都道府県知事は、（中略）その基準に基き都道府県内の農業の地帯別に、農業の経営形態別に自立経営の基準となるべき事項を定め、これを農業構造改善促進委員会（委員会という、以下同じ）に通知することができること」とし、農業構造改善促進委員会を新たに設立することを提案している。さらに同条では、「委員会に関する事項は、本法に定めるもののほかは別途の法律をもってこれを定めること」とし、さらなる具体化のための立法措置を求めている。また、第12条から第25条までは、それぞれ「第12条　自立経営の地帯別基準の決定」、「第13条　委員会の自立経営の基準の決定」、「第14条　自立経営達成のための計画（構造改善計画という、以下同じ）の樹立」、「第15条　自立経営達成のための計画事項」、「第16条　関係市町村長の同意および知事の認可」、「第17条　計画の認可」、「第18条　農業構造改善と新市町村建設計画との調整および環境整備」、「第19条　農業構造改善のための農地の政府買入れおよび売渡」、「第20条　農業構造改善のための農地の一時保護」、「第21条　農業構造改善のための農業経営者年金」、「第22条　農業構造改善のための転業資金の融通」、「第23条　農業構造改善のための補助金の交付」、「第24条　農業構造改善のための国有林野庁の特例」、「第25条　農地の移動制限」と続くのであるが、この各条目の事項に、農業構造改善促進委員会が関与することとしたのであった。この委員会を新たに設置するよう提案した目的は、農業委員会制度を想定したものであったことは明らかだったとされる。さらに、農業に関する宣言法的なものとは異なり、具体的な内容を盛り込むことで、新法とそれに伴う新政策の実効性を高めようとしたとされる。また、こ

の草案要綱では、多くの条文で、「農業および農民の全国代表機関」ならびに「都道府県代表機関」の関与も求めている。たとえば、「第2章　農業計画」の中の「第5条　農業の長期計画」では、「政府は、本法の目的を達成するために農業の長期計画を策定し、国会の承認を求めなければならないこと。（中略）政府は、前項の農業の長期計画を策定するについては、予め農民の全国代表機関の意見を徴すべきこと」とされている。このほかにも、「第11条　自立経営の都道府県別基準の設定」では、「政府は、（中略）都道府県別に自立経営の基準となるべき事項を定め、これを都道府県知事に通知することができること。（中略）政府は、（中略）自立経営の基準を定めようとするときは、予め農業および農民の全国代表機関の意見を徴しなければならないこと」としており、第12条では、前述の引用部分の後に、「都道府県知事は、前項の地域別、農業経営形態別の自立経営の基準を定めようとするときは、予め農業及び農民の都道府県代表機関の意見を徴しなければならないこと」と定めた部分がある。ここで述べられている「農業および農民の全国代表機関」や「都道府県代表機関」もまた、全国農業会議所と都道府県農業会議を指していることが明らかだったとされる（農業協同組合制度史編纂委員会1968b：154；満川1972：585-588）[10]。このように、全国農業会議所の農業基本法草案要綱は、新法とそれに伴う新たな農業政策において、農業会議所や農業委員会が重要な役割を担い、その組織の拡充を狙うという、これまでの農業会議所・農業委員会の農業団体のあり方をめぐる問題に対するスタンスの延長線上にある動きを、今回も見せることとなったのである。

　この頃の全国農業会議所は、農業基本法制定に関する議論が活発化していることは評価するものの、同時に具体的対策が法案に盛り込まれるか否かを懸念していた。上記の草案要綱が掲載された1960年9月号の『農政調査時報』の巻頭言において、日本国憲法では国民の健康で文化的な最低限度の生活を送る権利が第25条において規定されているにもかかわらず実現していないことを例として指摘し、「農業基本法においてもまたふたたび一般的抽

　10）全国農業会議所発行の月刊誌である『農政調査時報』第68号（1960年9月号）58-63頁に掲載。

象規定を盛りこむだけで甘んずるならば、木に凭って魚をもとむるの愚を繰りかえさないともかぎらないのである。（中略）必要なことは、農業基本法で意図することを、具体的に実現する方途を農業基本法において獲得することでなければならない」と述べている（全国農業会議所 1960）。農業基本法の農業憲章化を防ぎ、具体的な政策を法律の条文に盛り込むことにより、そこにおける自らの活動範囲を拡大させようという意図が読み取れよう。

　しかし、こうした農業会議所の意図を実現させるための活動には困難が伴った。先述の「農業基本法草案要綱」も法制化を推進することはできず試案にとどまり、その後は農林省の草案作成過程の中で意見が取り入れられるように要望し運動を行うにとどまった。10 月 27 日の都道府県農業会議会長会議では、「農基法（起草委員会試案）に対する要望」をまとめた。その要旨は以下のとおりであった。「(1) 農産物の自給自足の原則確立と、農産物の輸出増進をめざす農業生産の基礎拡大と農業保護の基本方針をさらに明確にすること、(2) 農産物（とくに畜産・果実等）の価格および流通対策をさらに一段と強化すること、(3) 離農希望者の転業教育および離農援助に関し、積極的かつ具体的施策を明示すること、(4) 農業構造改善計画の樹立および推進に関しては市町村長と農業委員会が一体となって、これを実施するよう一段と工夫すること、(5) 農地については、国の介入による二重価格制の創設、または代金延納の措置を考慮すること、(6) 農業経営年金制度を創設し、農業経営者の老齢化の防止および離農援助に資すること、(7) 農業構造改善の事業に対しては、高率の補助および融資を行うよう措置すること、(8) 農業の動向および農業政策の国会報告ならびに市町村段階における農業構造改善計画推進のための基礎資料として、農業経営経済調査等を拡充強化し、これを農業委員会系統組織をして実施させ、その結果を活用する道をひらくこと、(9) 農業基本法の運営については農業および農民の代表機関の意見を事前に徴するような制度を考えること」（農業協同組合制度史編纂委員会 1968b：154）。4 点目と 8 点目に顕著なのは、新しい法制度の下での主たる実施機関として、農協グループではなく農業委員会を考慮するように要望していることである。全国農業会議所としては、当初の目的どおり、新政策の実施主体としての農

業委員会組織拡充を目指す意図はこの時点でも変わっていなかったと考えられる。また、9点目に関しても、前述の8月30日発表の草案要綱に見られたのと同様に、「農業および農民の代表機関」という表現で、農業会議所またはその拡大・充実化された組織が、農業基本法の運営に関与することを求めていた。ただし、他の点については、農協グループの主張と重なる部分も多い。

　さらに、12月20日に農林省原案が発表されると、21日に全国農業委員代表者会議で「農基法の制定促進に関する要望案」を決議した。この決議内では、「(1)国の農業に関する位置づけと所得均衡のための積極的な基本方針を明らかにすること、(2)農産物の合理的な自給自足の原則の確立、農産物輸出の増進、海外農業に対する保護方針を明らかにすること、(3)農業構造改善については、農業基盤の整備拡充を中核とする具体策と財政的裏付けを明示すること。農業経営従事者の人材確保と、離農希望者への積極的援助を明示し、同事業の推進は市町村、農委を中心とすること、(4)価格支持と流通機構の整備」の4点を求めた（農業協同組合制度史編纂委員会1968b：155）。ここでも農業委員会を中心とした新事業の実施を求め、さらに価格支持などの農業保護政策の充実を求めた。

　自民党が農林省案を修正する段階に入った1961年2月10日には、全国農業会議所は役員会を開き、自民党修正案を検討した結果、以下の4点の要請を行った。「(1)『農産物の自給度の向上をはかること』を明記せよ、(2)農産物の価格安定に関して、『価格支持、安定と農業所得確保を明確に』せよ、(3)農業構造改善の推進については『諸政策ならびに環境の整備等に関する事業を総合的かつ計画的に推進するため、必要な施策を講ずることを明確に』せよ、(4)農政審議会の委員に、農業団体を代表する者を主体とすることを明記さよ」。その後、2月28日と3月1日に第7回通常総会を開き、「政府案は現実の情勢を考慮したものとみ、十分ではないが支持する。政府案を骨子としてすみやかに成立させることを望む」と決定し、農林大臣に申し入れた（農業協同組合制度史編纂委員会1968b：155）。自民党修正案への要請においては、農業委員会を主体とした新事業の実施の要求は影を潜めた。また

後述するように、価格支持・農業所得確保や自給度の向上、農業団体代表者の農政審議会委員入りは、農協グループとの主張とも共通するものであり、農業団体間での主張の共通性が見られていた。農業委員会を主体とした新事業の実施という目標は、農業基本法の制定においては達成することができなかったものの、通常総会での議論どおり、現状追認という形で落ち着かざるをえなかったのである。

　ここまで、全国農業会議所ならびに農業委員会側がこの問題にどのように対応してきたかを分析し、その当初の主張である新団体の設立や、農業基本法の実施に関する独占的な関与が実現しなかったことを確認した。それでは、対する農協グループ側は、この問題にどのように対応していたのだろうか。全中をはじめとする農協グループの全国レベルの団体は、農業基本法の制定に対して慎重であった。1958 年 1 月の第 6 回全国農協大会での「基本的農業政策の確立に関する決議」では農業基本法への言及はない。また、1959年 11 月の第 7 回大会における「農業政策の確立に関する決議」においても、他産業と農業の所得均衡のために農業の特異性を考慮した農業政策の実施を求めているものの、農業基本法にはやはり言及していない。全中も、先述の農林漁業基本問題調査会の答申「農業の基本問題と基本対策」に対しても公式の見解を表明していない（農業協同組合制度史編纂委員会 1968b：156）。もちろん農協グループも農業基本法を制定する議論があったことは認識しており、たとえば『農業協同組合』の 1958 年 1 月号は西ヨーロッパにおける農業政策の変容を特集するなどしていた。農協グループはこうした動きを認識していたものの、あえて積極的な反応をとらずに、問題の推移を見守る、または沈静化を待ったと考えられる。構造改革は、農地の取引を活発にすることにより、小農を大規模農家に置き換えることを目的としていた。農協グループの構成員は多くが戦後の農地改革によって誕生した小農であったために、構造変動への反対は、その構成員の利益を保護するためには合理的な判断であったと考えられる。

　事実、上記の農林漁業基本問題調査会の答申は、農協グループの内部では検討されており、その中では「農業の産業化」と「経済合理主義の農業への

持ち込み」を図るものだとして警戒していた。農業基本法が農林省での立案の段階になった 1960 年 9 月には、全中は「農業基本法について」という文書を発表した。概要は以下のとおりで、「(1) 農業の健全な発達と農業経営および生活の改善工場を国の基本方針とし、産業全般の施策はこの基本方針に立脚すること、(2) 国の基本方針は、経済の自然の推移をもっては農業経営が維持困難におちいり、経営意欲を犠牲にせざるをえない弱小農業者を保護し、経営の維持発展をはかる措置を含むこと、(3) 農業諸制度の改廃そのものを、農基法に規定すべきではない」と主張したとされる (農業協同組合制度史編纂委員会 1968b：156-157)。このように、農業構造改善を目指した法律を制定しようとする政府・与党に対し、全中はその立法は認めつつも、それにより農業経営困難となる弱小農業者に対して手当てするための農業保護政策を同時に進めることを求めた。さらに、具体的な政策は農業基本法に含まれないように求めることで、その実質的な政策実施を防ごうとした。全中は自らの基盤を揺るがす可能性のある農業の構造改善に対して抵抗し、この後も消極的な姿勢を終始とり続けることとなる。

その後、同年 12 月 3 日、全中は農林省委員会試案に対して反対の意向を表明し、「(1) 国土の改善と国内自給度の向上、(2) 系統農協活動の自主性の尊重、(3) 構造改善の画一的・機械的実施の排除、(4) 行政機構の合理化」といった修正を要求した。そして 12 月 9 日には第 8 回全国農協大会が開かれた。この大会では「農業基本政策の確立に関する決議」が採択され、大会決議としては初めて農業基本法に言及がされ、以下に述べる 8 点の要求がなされた。「(1) 農業生産基盤の拡充整理をはかること、(2) 農産物需要の増大をはかるとともに、系統農協の自主的活動の助長を基調とした流通の合理化をはかること、(3) 農産物とくに畜産、青果の価格安定につき、特段の措置を講ずること、(4) 輸入農産物が国内産業の発展に影響を及ぼさないよう適切な措置を講ずること、(5) 農村生活環境の整備、および農産漁民の社会保障制度の充実強化をはかること、(6) 農業構造改善の施策は、農業者の理解と積極的意欲に基づくものであること、(7) 農業に関する試験研究を充実強化するとともに、これが活用をはかること、(8) 農業基本政策の実施

に関する行政機構の整備をはかること」である（農業協同組合制度史編纂委員会 1968b：157；農業協同組合制度史編纂委員会 1969b：132-133）。ここに及んで農協グループとしては、農業基本法の制定を前提としながらも、あくまでも農協グループの裁量を守る方向で施策がなされていくことを求めていた。

　1961 年 2 月に自民党の小委員会が「農業基本法修正案要綱」を作成したことに対して、全中は修正意見を表明した。要点は、「(1)『国民経済及び他産業の成長発展に即し……』に対し、『農業を健全に発達せしめ、農業従事者の地位を向上することにより、国民経済及び社会生活の成長発展に寄与すること』を対置し、農業の主体性を明らかにするようにしたほか、(2) 選択的拡大に対し、自給度の向上を対置し、(3)『とくに諸条件の不利な地域についての制約の補正』を加え、(4)『農業所得の確保』を追加、(5)『価格支持に代わるべき施策』をとることを削除、(6) 構造改善を国土の改造的見地から内容を改める。(7)『協業』を『共同化』に平易化する。(8) 農政審議会を『農業団体を代表する者及び農業の学識経験者』に限定すること」などであった。これを荷見安全中会長が 2 月 9 日に自民党農林漁業基本調査会に伝え、これを考慮するという言質を取り付けた。その結果、2 月 17 日に取りまとめられた政府・自民党の最終案では、農協グループが「現行の農産物価格安定のための政府買入制度の否定に通ずる」として強くその削除を要求した「修正案要綱」第 11 項が全文削除されるなどした（農業協同組合制度史編纂委員会 1968b：157-158)[11]。このように、農業の主体性や自給度の向上、地域差への配慮や農業所得の確保を明記し、価格支持政策を維持するよう求め、「共同化」を重視し、審議会から財界メンバーをなるべく排除し農業関係者に限定しようとするなど、小農を中心とする既存の農業の生産構造を破壊しないような措置を求めていた。こうした要求が実際の自民党の法案に反映さ

---

11) 削除された第 11 項は、「政府は、重要な農産物について、農業生産の選択的拡大または当該農産物の価格安定の方法の合理化に資するとともに、農業所得の確保をはかるため、当該農産物の生産事情その他の経済事情により、特に必要と認めるときは、当該農産物の政府の買入れ及び売渡しによる価格安定のための施策に代わるべき施策又は当該価格安定のための施策のほか、必要な施策を講ずるものとすること」となっていた（農業協同組合制度史編纂委員会 1968b：158)。

れているなど、農協グループは一定程度の影響力を農業基本法の立法過程に及ぼしていたのである。

　全中の一楽照雄常務理事は、4月19日と20日の両日に衆議院農林水産委員会が開いた公聴会に公述人として出席し、農業基本法の政府案ならびに野党案に対し、次のように発言した。「農協としては、長期国策として、国民経済のなかにおける農業の位置づけと、農業保護政策の確立とを要望し続けてきた。経済合理性のなすがままにまかせてはいけない。経済成長が伸びれば伸びるほど、手厚い農業保護が行なわれなければならない。先進国の事例もそれを示している。この点農業基本法案では、政府、社会党両案ともに、同様の趣旨が前文で盛られている。要はその原則を伸ばせばよいと思う。共同化については、現在すでに多くの形態、段階における共同化が行なわれている。今後も多くの部分共同化、全面共同化が伸びる可能性がある。この共同化の推進に際しては、戦前に経験のある農業実行組合的なものを、推進母体の一つとして注目する必要がある。ただ、これに金が借りやすい措置を講じなければならない。農協からの融資に対してのみ無限責任を負うようにすれば、系統融資が可能となるのではないか」（農業協同組合制度史編纂委員会1968b：158-159）。このように、農協グループにとっては、自民党案と社会党案ともに、経済合理性以外の事象も重視し、農業保護を手厚くしていくという原則に基づいたものとなっており、十分に受け入れられるものとなっていた。そしてまた、経済的合理性だけでは測ることのできない、共同化を推進していくという点ならびにそれにかかわる融資体系の拡充も重視しており、それが受け入れられたことも評価していた。また、自民党によって修正がなされた、農業基本法の前文とその内容も、高く評価していたことがわかる。

　以上、農協グループ側の行動を分析すると、彼らの主張はおおむね成立した農業基本法に反映されて、彼ら自身もそれを評価していたことがわかった。それでは、どのようにして農協グループの主張は受け入れられるようになったのであろうか。第一次農業再編成問題と第二次農業再編成問題の際に見られたのと同様に、ここでもまた社会党と農民組合が農協グループの政治的なパートナーとして農業基本法の立法過程で活動することとなる。社会党と農

民組合は小農の保護を歓迎し、「貧農切り捨て反対」のスローガンの下、彼らは農協グループと協調し、構造改革を試みた新法を効果のないものにしようと運動したのである。

左派系の農民組合が再統一を見たという件は前述のとおりであるが、その再統一された全国組織である全日農は、農業基本法の制定には強い反対の立場をとった。1960年10月8日、全日農は政府案に対して声明を発表した。概要は以下のとおりである。「1. 基本法の性格は、資本の圧迫排除を基本とすべきである。2. 生産計画化、経営集団化が必要であるのに、明確な線がない。3. 農民的共同化への援助がない。4. 資本の農業への進出と支配を許している。5. 農民の所得引き上げの具体策がない。6. 農地制度の改変は農地支配層の出現を許す危険がある。未開墾地解放こそ緊要である。7. 零細農向上対策のない離農促進は首切りである。8. 農業構造改善計画は民主的機関でつくられるべきである」（農業協同組合制度史編纂委員会 1968b：152-153）。前述のとおり、全日農と農協グループとは、党派色が異なる農業団体であり、全日農が左派色を強く持った団体であることは否定できない事実である。それにもかかわらず、ここで全日農によって展開された主張は、結論としては農協グループの主張と一致する。すなわち、「資本の圧迫排除」を目指したり、「資本の農業への進出と支配」を批判的にとらえたりする文章からは、経済的合理性のみで農業をとらえることへの批判を読み取ることができよう。「零細農向上対策」の要求は小農を中心とした組織を持つ農協グループの利益に沿うものであったし、「農地制度の改変」への懸念も、不在地主による農地の買い占めへの農協グループの懸念と一致するものである。また、「生産計画化」「経営集団化」「農民的共同化」などの提言も、農協グループの依拠する協同主義に合致するものであった。

同様に、全農林労働組合も「基本法の本質が答申の反農民的性格と全く同一の路線の上にきずかれている」として、農業基本法には反対の立場をとった。全日農や総評などは、1961年2月23日から24日にかけて「中央労農会議」を結成し、「農基法粉砕」を決議した。その後、社会党案の提示を受けて、全日農・総評・全農林は政府案阻止、社会党案の支持に向けた運動を

行う。4月27日、全日農と全国農民組合などは合同で「農基法強行採決反対農民大会」を開き、「国会に請願デモを行なった」。さらに全日農は6月16日の農業基本法の成立直後、「農基法は大衆の支持を得たものではない、構造政策に反対する」という声明を発表した。団体だけではなく、政党からの反応も批判的であり、共産党も同様に農業基本法に対しては反対の立場で、1960年8月17日、18日の第13回中央委員会総会で「当面の農業、農民政策と農民運動方針」を採択し、「売国的反動的な農業基本政策反対の態度」を決定した。この中では、農業基本法の目的を「農業『近代化』の名目のもとに、農業の資本主義化と富農の育成をはかり、農民の6割を駆逐する」ものであると批判し、「貧・中農は都市で仕事をみつけることはいっそう困難にならざるをえない」と見解を述べた（農業協同組合制度史編纂委員会1968b：153）。このように、依拠する理論は異なっていても、結論として反対するという点において、農協グループと左派系団体・政党との差は、農協グループと農業委員会とのそれよりも、むしろ近いものであったということができると考えられる。また、本章第1節で指摘したような農協グループと農民組合との人的資本のつながりも、社会党の農業基本法に対する態度の、農協グループとの共通性に影響したのではないかと考えることができよう。

　以上、本節では農業基本法の成立に向けた政治過程と、その中で政党や農業団体といった政治的アクターがどのように行動したのか、という観点から分析を行った。1950年代後半、農業者と非農業者との間の所得格差の拡大、農産物需要や価格の低迷、農業者の階層分化の進行などの問題が日本農業に生じた。西ヨーロッパ諸国において新たな農業法の立法がされていたことにも影響され、対策として農業構造の改善をはかる新政策が企図された。その実行部隊として、農業委員会を改組した新農業団体の成立や、新たな農業法の立法が検討された。しかし、農林省や自民党内の農林議員らによる検討の結果、新農業団体の設立は見送られ、農業基本法の制定を中心として議論が進んだ。この間、全国農業会議所や農業委員会側は農業基本法に具体的な施策を盛り込むことや、自身がその政策の実施に重要な役割を果たすことを求めて試案を提示するなどの活動をしたが、果たされることはなかった。その

背景には、消極的な態度をとり続けた農協グループと、この問題に関して農協グループ寄りの立場をとり続けた農民組合や社会党の存在があった。その結果成立した農業基本法は、当初の計画とは異なったものとなり、今後の日本農業の方針を示すにとどまる具体性を欠いたものものとなり、当初目指された構造改善よりも、農業の特殊性に鑑みた農業保護的な色彩が強いものとなった。野党と農民組合の協力を得て、農協グループは、自らの組織にとって脅威となりえた、農業者数を減らす構造改革の実現を防ぐことに成功したのである。

　また、第一次農業団体再編成問題から、第二次農業団体再編成問題、農業基本法の成立過程、と年代が下るにしたがって、農協グループとは別の新農業団体を設立するという議論が徐々に弱まっていることも指摘できよう。特に農業基本法の成立をめぐっては、全国農業会議所は継続的に新農業団体の建設を主張するものの、それ以外のアクターは早々とその議論を退け、議論は新法の成立へとシフトしていった。本章で取り扱った 10 年前後の間に、農協グループは日本農業におけるその地位を着実に固めていったのである。

第 4 節　小括

　本章では、どのようにして農協グループが、政府からの改革への圧力から自らの組織を保護したかを、第一次農業団体再編成問題、第二次農業団体再編成問題、農業基本法の成立という、1950 年代から 60 年代初頭にかけての、三回にわたる農業団体のあり方をめぐる議論において分析した。特筆されるのは、農協グループが、野党や他の農業団体との関係性を持っており、それが農協グループに有利に働いたことである。1950 年代初頭に起こった第一次農業団体再編成問題に際し、農業官僚や政権内部の政治家は改革を支持したのにもかかわらず、改進党や社会主義政党、そして農民組合からの反対と、農協グループを擁護する声が上がったことで、農協グループが担っていた農政活動と経済活動を分離し、組織を拡充した上で農業委員会に農政活動を担わせるという案は奏功しなかった。ここで着目されるべきは、農協グループ

と農民組合との間に、人的資本のつながりがあったことである。1950年代半ばに起こった第二次農業団体再編成問題に際しては、政策責任者である河野一郎農林大臣や農林官僚が、農協グループに対抗しうる団体として農業委員会を支持しその組織を拡充させようとした。しかし、そうした努力にもかかわらず、社会党や農民組合からの反対はその試みを中途で頓挫させる影響を及ぼした。1950年代終わりから60年代初頭にかけての、農業基本法の立法に関する議論に際しても同様に、三度目の農協・農業構造改革の試みがなされるものの、社会党や農民組合の反対により、新団体の設立を果たすことはできず、成立した法律は実効性を持たないものとなった。このように、農協グループの組織が維持された背景には、野党や農民組合との関係性の保持があったと考えられるのである。

　本章冒頭で触れたように、本章で分析した時期以降の数十年にわたって、農協グループの抜本的な組織改革は行われなかった。その後の農協グループが、高度成長期に農業が斜陽産業化する中でもその構成員数や組織力を維持したことを考えると、本章で分析した1950年代から60年代初頭において組織の改編議論を退けてその確立に成功したことは、重要な契機であったと考えることができる。第一次農業団体再編成問題、第二次農業団体再編成問題、そして農業基本法の立法過程と、徐々に新農業団体をめぐる議論は下火となっていったことを考え合わせると、この時期は戦後の農協グループの組織維持に大きな貢献を果たした、ということが言えよう。農業者団体の体制に関して、一定程度の可塑性があったこの重要な時期に、自らに対抗しうる新団体設立の試みを覆したことで、農協グループはその後の政治的影響力の基盤となる組織力を得ることに成功したのである。

第4章

米の統制・米価制度と農協グループ

　第2章と第3章では、農協グループと政党や他の農業団体との関係性に着目し分析を行った。しかし、利益団体の組織維持は他のアクターとの関係性だけで説明されるわけではなく、利益団体の構成員をその組織に引き付ける努力もまた必要であり、ともすればより重要となる。本章と次章では、農協グループがどのような活動戦略を選択することで、その構成員の組織への忠誠心を高め、組織の統一性を高めていったのかを分析する。まず本章では、米の集荷・供給システムと米価の決定方法をめぐる議論と、そこに農協グループが果たした役割を分析する。食糧管理制度と農協組織は、日本の農業の規模拡大や近代化の遅れの原因であると指摘されているが（川越 1993：268-269）、本章ではその制度を農協グループ側がどのように維持し、それが農協グループの組織維持にどのように貢献したのかを分析する。食糧危機や朝鮮戦争といった、制度改革を進めるには望ましくない、喫緊の米の安定供給が必要となるような外生的な政治条件を、その指導者の戦略や他団体との協調によって最大限活用することにより、米の集荷・供給システムや米価決定プロセスの中で、他の団体に代替されえない重要な地位を得ることが農協グループの組織維持に重要であったことを指摘する。農協職員の著作や農協グループの年史、その他の二次資料を分析することで、農協グループが、協議会や審議会での議論を通じて、どのようにコメの集荷・供給システムや米価の決定過程に影響を及ぼしていたのかを分析する。

　本章では、第一に、日本の米の集荷・供給システムと米価決定システムを概観する。第二に、戦後に米の直接統制が継続され、米価審議会が設立された過程を、食糧危機との関係から考察する。第三に、朝鮮戦争の発生が、米

の統制の継続に与えた影響を示す。第四に、農協グループのイニシアティブによって、農協グループが米の流通に不可欠な存在となる契機となった、予約売渡制の成立過程を分析する。第五に、このようにして形成された米の収集と米価決定のシステムが確立し、戦後の米価の上昇に貢献する過程を分析する。最後に、本章で得られた結論をまとめる。

第1節　日本の米価政策
—二重の価格システム—

明治期の日本において、米は市場で自由に取引されるものであった。その状況が変化し始めたのが、1911 年頃である。自由市場への懸念が示されるようになった背景には、この頃から、米価の大きな変動が見られるようになったことがある（北出 1986：1）。変動が大きくなった理由としては、米に対する需要増により内地以外の朝鮮・台湾などからの輸移入米への依存が高まったこと、投機的・思惑的売買が強まったこと、米生産量の大きな変動、などが挙げられる（北出 1986：2-3）。

こうした状況を改善するため、政府は 1921 年 10 月、米穀法を成立させる。この法律では、政府が「『米穀ノ買入、売渡、交換、加工マタハ貯蔵』（第 1条）ができること、また米の買入れ、売渡しの際は『価格ヲ告示』（第 3 条）することとし、米の需給調節に関する政府の管理責任を明記」するものであった（北出 1986：3）。このように、米市場への政府の介入が、法律上認められることとなった。

さらに政府による統制強化を目的として、1933 年 3 月、米穀統制法が制定され、米穀法よりも政府の介入が強まった（北出 1986：5）。具体的には、米穀法では、米の最高価格・最低価格は制定されていたものの、あくまで目安とされ、実際の価格は「時下ニ準拠シテ」いたのに対し、米穀統制法では、米価の公定制が導入され、買入れ・売渡しの価格が法制上明記された。また、1932 年の米穀法改正において、朝鮮米、台湾米について米穀の季節的出回数量の調節が行われていたが、米穀統制法の成立により、国内米もその対象とされた。このように、2 つの法律の制定を経て、米市場における政府介入

が強まっていた。一方で、その介入の仕方は、あくまでも自由市場を基盤として、ある一定程度のところでコントロールする、というものであった（北出 1986：5-6）。

　こうした抑制的な介入が変化する契機が、1942 年に制定された食糧管理法である（北出 1986：11-12）。戦時下における米の供給不足、輸移入の困難を背景とし、主要な食糧についての直接的国家管理を目的としたのが本法である。米穀法と異なるのは、これまでの政府の介入が自由市場を基盤とした間接統制だったのに対し、政府が市場をコントロールする、直接統制を試みたことであった（北出 1986：12）。北出（1986）によれば、特徴は 2 点あるとされる。第一に、対象は米だけではなくその後大麦、小麦、ハダカムギ、雑穀、穀粉、ジャガイモ・サツマイモおよび加工品、麺類、パンにも及んだ。これらの食糧（制定当初は米麦のみ）は政府への売渡しが義務づけられ（第 3条）、政府の買入・売渡価格は全て公定価格とされた。第二に、買入価格と売渡価格は別々の基準によって定められることとされ、「二重価格制を制度的に明確にした」とされる（北出 1986：12-13）。このようにして、戦時政府は二重の米価システムを導入し、政府がより高い価格で米を農業者から購入し、消費者により安い価格で売り渡すこととし、当時問題となっていた農村部における頻繁な景気減退に対処しようと試みた。これらの米価はそれぞれ生産者米価と消費者米価と呼ばれた。この 2 つの米価の差を政府の支出で補填することにより、政府は財政的に農家を支えることを企図した。

　大麦、小麦、ハダカムギ、ジャガイモ、サツマイモなどの、他の農作物に対する市場統制は終戦後に解除されたものの、米市場は近年まで政府の統制下にあった。1955 年には米の生産が日本国民を養うのに十分な量に達したが、それ以降はこのシステムは政府にとって、米生産拡大のための必要不可欠な政策というよりは、予算的な負担となっていった。1955 年には、農業関連予算の 17％を米生産管理のための予算が占めていた（河相 1987：223）。この割合は 1965 年には 30％を超えていた（佐伯 1987：138）。しかし、米市場の統制は、1993 年に日本が冷夏に見舞われ、他国から市場統制の撤廃と引き換えに米の輸入をせざるを得なくなるまで続いた。

143

第2節　戦後食糧危機と米価審議会

　それでは、米の直接統制は、なぜ戦後も引き続き長い間維持されることとなったのであろうか。GHQ により、占領期に多くの封建的な制度が民主化されたことを考えると、終戦と占領を経てなお、戦時体制の遺産である直接統制が維持された理由とその過程は、分析に値すると考えられる。以下第5節まで、終戦から 1960 年代前半に焦点を当てて、米の直接統制が維持された過程を分析する。本節では終戦直後の 1940 年代後半に焦点を当てる。

　第二次世界大戦の終わりとともに日本の主権の喪失が訪れた。GHQ は日本を占領し、連合軍最高司令部訓令（SCAPIN）を通じて、多くの政策分野で日本政府をコントロールした。農業も例外ではなかった。農地改革が行われ、政府が農地を地主から安い価格で買い上げ、小作農や小農に安い価格で売り渡した結果、多くの自作農が誕生した。日本農業の構造はドラスティックな変化を迎えようとしていた。

　しかし、米の統制に関しては、終戦を経ても直接統制が継続された。それは終戦直後に日本を見舞った食糧危機が背景にある。日本は 1940 年代と 1950 年代の初頭、米の生産に関して問題を抱えていた。第二次世界大戦後の世界規模の食糧難により、日本政府は国民への十分な米や食料の供給に困難を生じていた。1945 年は悪天候が日本を襲い、冷夏に苦しみ、多くの災害に見舞われた。1945 年の米の生産は、前年の約 880 万トンから約 590 万トンへと減少した（桜井 1975：14）。終戦と同時に日本は満洲、朝鮮半島、台湾といった植民地を失ったが、これらの地域では帝国時代の日本の米の消費量の 20％余りが生産されていたため、突如必要となった代替となる生産地を国内で確保するのは容易ではなかった。また、多くの兵士が戦争の終焉とともに国外の戦地から帰還したため、国内の米の消費量は増加した（北出 2001：20）。1946 年5月 19 日、皇居前でのデモが起き、およそ 25 万人の参加者がより多くの食糧供給を求め、天皇と政府を批判した。日本政府の予測によれば、1945 年度は国民の総需要量に数百万トンの食糧が不足するとされていた。

10月26日、政府はGHQに300万トンの穀物や100万トンの砂糖を含む、435万トンの食糧を輸入するように求めた（北出2001：21）。

　しかし、GHQは日本政府の計画を認めなかった。GHQは、日本の食糧不足を解決するのはGHQではなく日本政府自身であるべきだと主張したのである（北出2001：21-22）。11月24日、GHQは食糧供給における訓令を発し、日本に食糧や綿、油、塩を輸入することを認めたものの、その具体的な輸入量については言及がなく、世界の食糧事情と利用可能な船舶量を勘案した後に決定されるとした（北出2001：22）。しかし、この訓令ですらアメリカ政府には許可されることはなく、1946年2月、日本政府からの提案を拒絶し、いかなる食糧輸入の割当も認められないとした（北出2001：22-23）。日本が食糧輸入をアメリカ政府に求められるためには、同年6月まで待たなければならなかった（北出2001：24）。1946年から1948年にかけて、輸入米の量は年間2万から4万トンにしかすぎず（桜井1975：14）、必要量よりもかなり少ない量であった。

　深刻な食糧危機が予測される中、日本政府は米やその他の食糧を農業生産者から強制的に収集し、国民、とりわけ非農業従事者のための食糧供給を満たす必要があった。第一に、1946年2月、日本政府は食糧緊急措置令を勅令として公布した。これによって政府は農民が政府に売り渡すべき食糧割り当てを決定することができるようになった。農業者が決められた割当を政府に売り渡さなかった場合、この政令は政府に強制的に農業者から決定された割当を収集する権限を与えた（北出2001：24-25）。第二に、農業者から十分な食糧供給を確保するもう1つの法的措置として、日本政府は1946年と1947年に食糧管理法を修正し、農業者に定められた割当量の雑穀、サツマイモ、ジャガイモを、米や麦と同様に売り渡すように義務づけた（北出2001：25）。第三に、割当は中央政府と都道府県知事の間での交渉で決められていたが、1947年の「食糧確保臨時措置法」によって、割当に関して、集落における連帯責任制などが導入された（北出2001：25）。このように、GHQの監督と承認の下、農業者からの食糧収集に関して、日本政府はより強制的な手段を発達させた。これは米の供出の際に利用されたトラックの名

をとり、「ジープ供出」と呼ばれた（北出 2001：26）。

　農業者が苦しんだのは、物理的な強制力だけではなかった。食糧不足により、闇市場への需要は高まった。それは価格も同様である。1946 年、政府が生産者から公式の生産者価格の闇市場ではその 8.2 倍の価格で取引されていた。その後 3 年間、1949 年まで、ヤミ米の価格は生産者価格の 4.9 倍、3.8 倍、2.8 倍で推移した。1950 年、ヤミ米の価格は 1.5 倍となり、その後数年間は同レベルで推移した（北出 2001：26-28）。これらの数値が示唆するものは、戦後の 5 年間、政府の米価が適切な価格よりも非常に低いまま据え置かれていた、ということである。農業者はこうした状況に不満を感じており、都市部住民の需要を満たすために自分たちは搾取されていると感じていた。農業者は多くの抗議活動を行うようになり、米価の上昇と手続きの民主化を求めた（北出 2001：28）。

　政府が米価を決定する一方、桜井（1975）によれば、すでに 1947 年頃から、米価を含む農産物価格のより民主的な決定プロセスを求める声はあったとされる。日本農民組合は、農業者を中心とした「農産物価格計画協議会」を設立するよう求め、「民主的会議において合理的に決定すること」を提案した。農協グループの若手農業者からなる団体である農青連も同様に、米価を決定する「民主的価格審査委員会」の設立を求め、不在地主ではなく実際に農場で働く農業者である耕作農民の代表の参画を求めた。農協グループは他の農業者団体とこの問題において協調した。1948 年 5 月 25 日、農業者団体は共同大会である全国農民大会を開き、新米価は政府の一方的な決定ではなく、公開された場で民主的に決定するために、農業者と消費者から構成される審議機関を設置するべきであると主張した。こうした声は国会議員からも出ており、1948 年 9 月には衆議院農林水産委員会も、「国会の意見を徴し、生産者、消費者、学識者による価格審議会を設置して公正妥当な価格を決定すること」を政府に申し入れている。このような声への対応として、政府は農業者の声を聞きながら米価を決定する場を設けることとした。同年 9 月 25 日には「主要食糧価格審議会設置案」を決定しているが、1948 年産米の米価決定には間に合わず、その具現化は翌年に持ち越された（桜井 1975：38）。先述

の西田美昭らの研究グループも、旧来の「低米価強権供出」論を慎重にとらえ直し、全国レベルおよび埼玉県の事例の分析から、1947 ～ 48 年産米の供出に関しては、締め付け強化の側面がありながらも、「食糧調整委員会」の設立や「事前割当制度」の導入など、「農民の利益主張を有効に供出機構にとりこみ、供出責任を共同に負わせていく」傾向があったと指摘する（西田編 1994：166-170)。

　以上のプロセスを経て、1949 年 8 月 1 日に米価審議会は設立された。この審議会は、「物価庁長官および農林大臣の監督に属し、その諮問に応じて、米価等主要食糧の生産者価格及び消費者価格の決定に関する基本事項を審議する。審議会は、審議事項について、建議することができる」とされていた。米価審議会規程によれば、その委員は「『農業団体を代表する者、消費者団体を代表する者、学識経験のある者その他』から物価庁長官及び農林大臣が委嘱するとされて」おり、32 名の委員が 8 月 26 日に委嘱され、第一回会合は東京都の九段で 1949 年 9 月 5 日に開催された。委員の内訳は、生産者代表が 11 人、消費者代表が 7 人、有識者が 5 人、政治家が 9 人となっていた[1]。議長は東京大学教授の東畑精一が務め、経団連会長の石川一郎と経済同友会会長の工藤昭四郎が参画していた（桜井 1975：38-39；岸 1996：79)。生産者代表やそれに近い、「農業側の立場に近い委員が多数」であり、翌年も構成は大きく変わらなかったとされる（黄 2016：232)。生産者が委員の中で最多の部分を占めており、農業者が米価をめぐる議論における影響力を獲得したと言える。

　厳密にいえば、米価審議会の答申は法的拘束力を持ってはいなかった。政府は審議会の答申を無視することが可能であったし、実際にそうした。1949年 9 月 16 日、審議会は 150 キログラム当たり 4700 円の米価を答申した。しかし政府は 4200 円と決定した。翌年、審議会は 5800 円を答申するものの、政府は当初案どおりの 5420 円と決定した。1951 年、審議会は 7500 円を答

---

1) 生産者代表として、全国農村青年連盟、全国農民組合、全指連、日本農民組合総本部、全日本農民組合、農業調整委員会全国協議会、全国販売農業協同組合連合会の代表などが、消費者代表として、主婦連合会、日本協同組合同盟、国鉄労働組合、日本炭鉱労働組合連合会、日本労働組合総同盟、経済団体連合会、経済同友会の代表が選ばれた。

申するものの、政府はGHQの支持も得て、7030円に決定した（櫻井1989：88-94, 96-99, 105）。このように、農業者は審議会にて意見を述べる機会は得たものの、米価における目標達成には、依然として困難が付きまとった。

　しかしながら、米価審議会の答申を繰り返し拒絶したことにより、米価の正統性は傷つくこととなった。1951年の審議会答申を拒否した後、政府は米価決定の計算式をより農業者に望ましい形に修正することを発表した（櫻井1989：105）。この頃の米価審議会は、生産者と消費者の「対話の場」となり、生産・消費両者の不満を吸収する効果もあったとされる（黄2016：245）[2]。審議会は米価を決定する法的権限を持たなかったものの、農業者は政府の一方的な決定過程に対して反駁する公式のチャンネルを得たのである。

　本節では、終戦直後の1940年代後半に焦点を当て、戦時下に採用された米の直接統制が、終戦後のGHQによる占領を経てもなお撤廃されずに存続した過程を分析した。戦後の食糧危機と、食糧輸入に関して消極的なGHQの存在により、戦後の日本政府は食糧の直接統制を続けざるを得なかった。こうした状況は農業者や国民の不満を募らせることとなり、その結果として、農業者が米価決定に声を反映させることができる公式の場である、米価審議会が誕生した。のちに見るように、他の政治的な手段と合わせ、審議会において意見を述べる機会を得たことで、農業者は彼らの利益を主張する政治的な影響力を及ぼす契機を得ることができたのである。

第3節　朝鮮戦争と米市場の統制

　本節では、米の直接統制の撤廃論議が、朝鮮戦争という食糧供給を不安定化させる事象が発生したことと、これに際して農協グループと他の農業団体との協調による、超党派的な抗議運動が起こったことによって収束する過程を分析する。前節まで分析してきたように、農業者による抗議活動に対応す

　2）なお、1952年以降、生産者代表や消費者代表の委員数が減少する一方、学識経験者や第三者代表が増加し、構成員の多様化とともに会議の性質にも変化があったと指摘される（黄2016：253）。

るために、政府は米価の決定過程において農業者を包括するようなシステムを導入した。しかし、このシステムは早晩政府の赤字につながることが予測されていた。このような状況において、戦時中の全体主義的なシステムに起源をもつ食糧管理は、廃止されるべきだという主張が一部の政治家からなされていた。1950 年 3 月にジャガイモとサツマイモの統制は撤廃され、農業者は決められた割当を政府に売り渡す必要がなくなった。小麦、大麦、ハダカムギの市場も 1952 年に自由化された。その次に来るべき自由化は、米の市場であった。1950 年 3 月 27 日、自由党の議員と農林省・経済安定本部・物価庁の官僚たちは、神奈川県の湯河原で会合を開き、「今後の食糧政策の基本方針に関する覚書」が作成され、米の統制を「なるべく近い将来において廃止し、その後は政府の行なう市場操作を通して農産物の安定および国民食糧の確保をはかる制度を確立」することで合意した。また経過措置として 1951 年 3 月までは現行制度を維持するということも示された。その後農林省でも、「今後における主要食糧の流通に関する基本方針案」をまとめた（農業協同組合制度史編纂委員会 1968a：215-216；岸 1996：74-75）。統制の廃止により、大蔵省の試算では 28％、農林省の試算では 24％、米価を押し上げる効果があるとされており、政府の財政赤字を減少させるとともに、生産者の生産意欲を刺激することが期待されていた（北出 2001：47）。

　しかし、日本は米の生産に関して、新たな困難に直面せざるを得なかった。朝鮮戦争である。朝鮮戦争は、上述の政治家と官僚とが米の統制撤廃の合意に達成した 3 か月後の 1950 年 6 月に発生した。こうした将来の食糧生産や世界情勢の不確実性に際し、米市場の自由化を政策担当者たちは再考し始めた（岸 1996：74-75）。第二次世界大戦後の数年間に起きたような食糧の供給不足も記憶に新しく、「食糧の緊急輸入、備蓄、食糧自給体制の急速強化」などの問題が優先されるようになった（農業協同組合制度史編纂委員会 1968a：216）。農林省のまとめた基本方針案も、政府としての正式決定に至る前に朝鮮戦争が勃発したため、棚上げとなった（岸 1996：75）。もちろん政治家の中には、廃止を主張し続ける者もいた。たとえば当時大蔵大臣だった池田勇人は、国際米価と国内米価を一致させ、そのギャップを埋めるために財政支出

していた輸入補給金の削減を図るべきであると主張していた（岸 1996：75-76）。しかし、1950 年 11 月 12 日、GHQ の経済顧問であったジョゼフ・ドッジは、池田勇人あての書簡において、世界各国において統制の強化が急速に進んでいる状況で統制を廃止すれば危険であるということを述べた（農業協同組合制度史編纂委員会 1968a：217-218；北出 2001：45）。ドッジはまた、急激なインフレーションを危惧していた（岸 1996：76）。ドッジの書簡に対して政府は具体案を検討し、麦は 1951 年産から統制撤廃、米は供出を継続し、供出完了後の自由販売を考慮することとした（農業協同組合制度史編纂委員会 1968a：217-218）。1951 年 3 月には国会に「麦の直接統制を廃止し、間接統制を規定した『食糧管理法の一部を改正する法律案』」が提案され、衆議院を通過し参議院に送付されたが、参議院農林水産委員会で否決、本会議でも否決され、両院協議会でも妥協できず、麦の統制撤廃は一年間見送りとなり、1952 年産から実施されることとなった（農業協同組合制度史編纂委員会 1968a：218）。このように、ドッジの意見に従い、食糧の供給不足の懸念を背景に、日本政府は米の統制廃止を取りやめた。麦の統制撤廃でも難航を極めた状態では、より批判の強い米の統制撤廃へと進むことは難しかった。

　その後、再び米の統制撤廃を求める声が上がり、根本龍太郎農林大臣は 1951 年 7 月に秋田で統制撤廃の意図を表明し、9 月の行政整理に関する政府与党懇談会で米麦の統制撤廃に関する基本方針が決定され、試案が検討された。しかし、今回もドッジは米の統制撤廃に反対し、「政府の主食の統制撤廃に関する一般論は過度に楽観的である。すなわち日本では主食は不足で、できたものは適切に国民全部に分配される必要がある。しかも米の統制撤廃は世界の一般的傾向と反対の方向にいっている」と述べた。この結果、11 月 6 日に池田大蔵大臣、根本農林大臣、周東国務大臣（経済安定本部総務長官）の三大臣がドッジを訪問した直後、政府声明が発表され、1952 年 4 月 1 日から予定していた米の統制の撤廃方針は取りやめられ、白紙に戻った（農業協同組合制度史編纂委員会 1968a：218-219）。ここでもドッジは、食糧の需給バランスについて慎重であり、彼の意向が反映される結果となった。

　農協グループは、以上の政治過程に対応して、農業復興会議を通じ、日本

150

農民組合や全国農民組合、農青連などの農業者組織と共同して運動を推進していた。1951年に入って、政府の統制廃止方針の表明を受け、農業復興会議の構成団体は反対し続けた。しかし、政府の方針は撤回されず、1951年10月15日、農業復興会議を構成する4つの農業者組織と4つの農協の連合会、そして農業復興会議の9団体共催で「米麦統制撤廃反対全国農民代表者大会」を開催した。この大会には全国の農業者代表300人余りが参加し、(1) 1951年産米の生産者価格石あたり9600円以上にすること、(2) 米麦の統制撤廃に反対すること、(3) 農林行政の機構を整備すること、などを決議し、統制廃止への反対、適正な米麦価格の実現などを要請した。さらに11月10日には総評の傘下にある労働組合、主婦連、生協などの消費者団体と、米麦統制撤廃反対全国農民代表者大会実行委員会との共催による「米麦統制撤廃反対国民大会」を開催した（農業協同組合制度史編纂委員会 1968a：227）。

　農協グループにとって米の統制撤廃は、販売事業への打撃が予想され、仮に一部のみが自由化されたとしても、一般商人の集荷への介入により競争的立場に置かれることは重大な問題であった。当時の農協グループは「事実上ほとんど唯一の統制食糧の集荷機関」であり、供出制度と食糧代金の前渡し制度から主要食糧の集荷手数料と倉庫保管料を収入として得ていた。しかし、統制撤廃と集荷活動の自由化が起これば、商人と競争的地位に立つことになり、黒字が確約された部門ではなくなることが予想された（農業協同組合制度史編纂委員会 1968a：229）。農業協同組合制度史編纂委員会（1968a）では、以下の5つの理由が指摘されている。第一に、現行制度では政府から農林中金に対する前渡金を通じて各農協に供給されている買い上げ資金を、自由化後は自己資金で賄わなければならなくなる。第二に、農協グループ以外の商人による集荷事業は全供給数量の5％程度に過ぎず事実上の独占状態だが、自由化後には農業者が有利な業者を選択するようになるため、「肥料前貸しによる青田買い」や「現金即時払いの取引あるいは庭先取引」などによる商人の集荷活動への対抗には難航が予想される。第三に、「食糧統制の上に安泰な販売事業を営んできた」ため、市場の状況を把握して有利な販売時期を選ぶ体制が整っていない。第四に、商人と異なり、相場の変動のリスクを農業

者に負わせることが、協同組合である農協グループには難しい。第五に、農協の経営の安定度に集荷能力が依存するため、統制撤廃後は単位農協の間の格差が拡大すると予想される（農業協同組合制度史編纂委員会 1968a：230-233）。このようにして販売事業が立ち行かなくなった場合、他の事業への影響も予想されたという。第一に、販売事業が停滞すれば、農協貯金への流入が減り、生産者に対しても売上代金を貯金に振り替えるよう求めることは難しくなる。第二に、貯金額の減少は事業資金の減少を意味し、販売事業以外の事業の縮小につながる。商人が販売事業だけではなく農協グループの購買事業の分野へも乗り出した場合、競争はより激化する。第三に、「組合員相互間の階層的な対立」が激化する（農業協同組合制度史編纂委員会 1968a：232-233）。こうした状況では、米の直接統制撤廃は組織の存続にとって死活問題であり、この危機を乗り越えたことは、その組織維持に大きな肯定的影響を及ぼしたと考えられるのである。

　以上、本節では 1950 年代初頭の米の統制撤廃論議を分析した。米の直接統制の撤廃を求める声が政治家や官僚から上がるものの、朝鮮戦争による食糧需給の見通しが不確かになったことと、ドッジの消極的な態度により、米の統制撤廃は見送りとなった。さらに、前節で分析した米価審議会の成立につながったような、超党派的な農業団体間の連携による反対運動も、統制の維持に貢献したと考えることができる。しかし、政治家の一部に強く自由化を求める声もあったことから、農協グループとしては次の一手を考える必要が生じていた。

第 4 節　予約売渡制の導入
―農協グループのイニシアティブ―

　米市場の統制は維持されたものの、農業者は依然として公式の米価の低さと、その闇市場との価格差に不満を抱いていた。上記のように、1950 年代初頭、ヤミ米の価格は公的価格の 1.5 倍であった。農業者には自らの生産した米を闇市場で売る強いインセンティブがあり、政府は必要な量の米を集めることに苦労した。こうした状況下で、政府は「予約売渡制」と呼ばれる新制

度を導入することとなる[3]。この新制度は、「供出制度の自由化であり、強権的集荷から経済的集荷への転換」と評され、「上からの割当てをやめ、（中略）個々の生産者が自主的判断にもとづいて売渡数量を申告し、原則としてそれをそのまま売渡義務数量とする」ものであり、「国の集荷予定数量」との差が生じた場合は「指定集荷業者の自主的な努力」に期待するものとされた（佐伯 1987：81）。農業者団体の側の裁量を増やすことで、政府は農業者の反発を減らそうと考えたのである。

　米の収集のシステムの変更は、農業者の不満に対処することを企図したものであった。同時にそれは農協グループにとっても有利なものであった。当時、農協グループはほぼ唯一の米集荷団体であった。たとえば、1948 年には農協グループは日本における米の 95％、小麦の 94.9％を集荷していた（栗原 1978：255）。この状況下で集荷団体の重要性を増大させる制度変更を行うことは、農協グループが政府へ米を供出する際のより大きな裁量を得ることも意味しており、農協グループとしてはぜひとも成立させたい計画であった。

　以下、その制度変更の成立過程を分析していく。この改革の検討は、直接的には 1953 年度産米の凶作を契機としている。前節で述べられた、朝鮮戦争時の食糧需給の不安定性からもわかるように、日本の食糧事情は終戦後から断続的に不安定であった。この凶作により食糧危機の可能性と既存の食糧管理制度の脆弱性がより明らかになったことで、新しい集荷制度を検討する必要性が多くの政策担当者に認識されるようになった。1953 年 12 月 25 日の閣議では、内閣に食糧対策協議会を設置することが決定された。「農業団体や米穀業者など米の生産・集荷・配給にたずさわる団体の代表のほか、消費者代表および産業界・経済界の有識者 26 名」が委員として任命され、会長には全指連会長の荷見安が互選された。食糧対策協議会は 1954 年 1 月 15 日の第 1 回会合を開き、全部で「本会議 10 回、特別委員会 2 回および起草

　3）本書では農協グループ側の議論に注目するため、農協グループ側の元来の呼称であった「予約売渡制」に表記を統一するが、正式名称は「事前売渡申込制」とされる（北出 2001：48-49 など）。名称については松元（1955）や柴田（1955）などを参照。本節で扱う予約売渡制と次節で扱う河野構想については、北出編（2004：第 1 章第 2 節）に詳しく、本書はこれらを踏まえつつより政治学的含意を掘り下げる。

委員会 2 回」をそれぞれ開き、同年 7 月 16 日に答申を行った（農業協同組合制度史編纂委員会 1968b：85）。以下、この食糧対策協議会での議論を中心に、予約売渡制が誕生するまでの過程と、制度として定着するまでの過程を分析する。

　食糧対策協議会における議論の中心は、行き詰まりを見せていた「食糧管理制度の根本的な再検討」にあり、米の統制撤廃が選択肢として議論されることは確実であった。自由党も統制撤廃を党の基本方針としており、米穀業者関連の委員をはじめとする他の委員の中にも、食糧需給の緩和、経済の安定、外国の食糧事情の変化による生産の過剰化の兆しなどを考慮すれば、統制を撤廃すべきではないかと考える委員は存在した。しかし大勢は慎重論を唱え統制撤廃は「時期尚早」という意見が多く、直接統制の中で改善策を考えるという方向性が決まった。4 月 28 日の第 8 回会議までに各委員の意見が出そろい、中間整理に入った。配給を続けることでは一致していたものの、その具体的な方法は、「(1) 供出制度の継続 (2) 供出完了後の自由販売 (3) 予約売渡制 (4) 支持価格制度による買入れ」、の 4 案であった。このうち第 4 の支持価格制度による買入れは間接統制であるため早々に検討から外された。第 1 案の供出制度の存続案は、山形県知事の村山道雄委員から提案されたもので、価格の引き上げと適正な割当によって、供出割当制が維持できるとしたが、食糧管理制度の根本的な再検討という委員会の目的にはそぐわず、説得力を持たなかった。第 2 の案である供出完了後の自由販売は、米穀業者代表の湯村委員によって提案された。これは、「供出割当以外の自由販売分を認め、それを集荷業者の活動によって集めようとするもの」であった。しかし、「自由販売を認めるとすれば、供出割当制度そのものが維持できなくな」ると考えられ、「統制撤廃への経過措置」にしかならないため、こちらも早々に退けられた（農業協同組合制度史編纂委員会 1968b：85-87）。

　第 3 案である予約売渡制は、全国販売農業協同組合連合会（全販連）の会長であった石井英之助委員によって提案された。4 月 28 日の第 8 回会議で石井は、供出割当制のこれ以上の続行は制度の基礎を壊すことになるので、転換策を考える必要があると指摘し、解決策として、「自主的予約の制度化」

を求めた。これは、「従来、行政機関を通じて行われていた割当制度に代わって生産者からの売渡しの予約に基づき、農協等の集荷業者の活動に依存して集荷をはかろうとするもの」であった。この案は、集荷を「農家の自主的な売渡申込みとこれを基礎とした農協の組織と機能に全面的に依存する」ものでもあったため疑問や批判も見られたが、最終的には食糧対策協議会の答申の主要な内容となった（農業協同組合制度史編纂委員会 1968b：87-88）。

　1954年7月16日に出された答申では、前文で、「米穀についても、終局的には、自由な取引を認め、政府の干与を最小限度に留めることが望ましいが、戦後の我国は、米穀の供給源である領土の相当部分を失った上、人口は激増し、国内食糧の増産も未だ十分でなく、国際収支にも不安があり、需給の円滑を期することは至難な状態にあるので、この際は現行制度に根本的な改編を加えず、生産者の経営の安定をはかり、米穀及び麦類等の主要食糧を確保して国民経済の基盤に不安を与えぬようにすべきである。しかし、政府は、極力国内食糧の増産に努めて自給度を向上するとともに、食生活を改善して輸入食糧を削減し、国民経済の安定に努めると同時に、社会経済の実情に即応しつつ現行制度の改善を図る必要がある」とした（農業協同組合制度史編纂委員会 1968b：88，1969a：559）。

　集荷問題については、「社会経済情勢や農民心理から種々の困難が多いので、現行の割当制度から集荷団体の機能を活用する制度への移行が適当」であるとして、予約売渡制を採用する立場を明確にした。価格問題については、「生産者価格は、米国の再生産を確保するため、パリティ方式および生産費方式を併せ考慮して決定」するとし、「早場米奨励金」以外の「他の奨励金は、適正な基本価格の決定に照応して廃止する」としていた（農業協同組合制度史編纂委員会 1968b：88，1969a：559-560）。

　また、本答申には協議会会長の荷見による補足説明もつけられていた。この中では、前文で述べられたように米穀の統制から自由取引への最終的な移行をするためには、自給度の向上と米食偏重の是正によって需給の安定がなされ、かつ相当程度の備蓄米および操作米の政府手持が必要とされることを指摘した上で、「現状に於ては、国内の食糧増産も不十分であり、又国際収

支の悪化により輸入食料に割き得る外貨にも制約があるため、速に相当多量の備蓄米及び捜査米の政府手持を準備することが困難であるので、此の際は直に所謂間接統制又は自由取引への移行は困難である旨の趣旨を含んでおる」とした（農業協同組合制度史編纂委員会 1968b：88，1969a：562-564）[4]。

このように、将来的な方向性としては統制の撤廃を示しつつも、答申では直接統制を維持することを明確にした。敗戦に伴いそれまで国内向けの米の主要な生産地であった朝鮮・台湾などの植民地を失ったことが言及され、さらに人口構造の変化により国内の食糧需給の見通しが立たないことなど、不確定要素が多い中で米の統制を解禁することへのためらいがあったことが見える。協議会会長の補足説明には、こうした懸念がより明確に表現されていた。終戦直後の食糧難の経験が、政策担当者たちの記憶に新しかったことも指摘されよう。

ただし答申では、この新方式の実施に関しては、1955 年産米からとし、1954 年産米に関しては、「時間的に十分な準備なしに、全面的、且つ、急激に現行集荷制度を改めることは好ましくない事態を惹き起すおそれもある」として、経過措置として従来の割当方式と新たな予約売渡制を併用することとした（農業協同組合制度史編纂委員会 1969a：560）。

このように農協グループは、自らが主要な役割を果たす予約売渡制という新しい食糧管理の方法を答申の中心に据えることに成功した。もちろん、農協グループを代表する荷見安が、答申を取りまとめる役目である協議会の会長だったという事実は大きく影響したであろう。事実、荷見安はのちに、当時の農林大臣から伺いがあり、彼本人がこのシステム改革を立案したと述べている（荷見 1962：163-164）。厳密には、実際に協議会内で提案をしたのは石井ではあるが、荷見が協議会長として予約売渡制の導入に重要な役割を果たしたことは確実であろう。荷見は農商務省の元官僚であり、農林次官も務めたのち、全指連会長、全中会長を務めるという経歴の持ち主であった。官僚時代から米穀局長などとして米穀政策に大きく関与しており、農林省 OB

4）なお、農業協同組合制度史編纂委員会（1969a）では答申の出された年を 1953 年であるとしているが、本文中で示した時間経過から考え、1954 年の誤記であると判断した。

第 4 章　米の統制・米価制度と農協グループ

としての影響力もあったと考えられる。また、石井英之助も農商務省の元官僚であり、官選の群馬県知事を務めたのちに食糧管理局長官を務めるなどした人物であり、こちらも有力な元農林官僚であった。

　このような人的資本に頼るだけではなく、協議会に臨む上で、農協グループ内部でも水面下で理論的な検討が早い段階から始まっていたことも、特筆されよう。1953 年 12 月 25 日の食糧対策協議会の設置の閣議決定と前後して、農協グループの農産物の出荷・流通などを担当する販売部門の全国レベルの組織である全販連の食糧部でも、食糧管理制度の改革に関する問題点などの検討を開始した。1954 年 3 月 3 日、全販連は米穀対策委員会を開き、従来の供出割当制に代わる売渡予約制を提示し、農協グループがその主要な役割を担うことを企図した[5]。ここで展開された主張の前提には、米穀需給の不安定性を鑑み、「直接統制の枠内で改善策を考えることが適当である」という判断があった。内容は、「強権割当に対する生産者の心理的な圧迫感や反発を取り除いて『自主的な申告』によること」、「農家と政府と農協とのあいだに売渡予約制を設け」、「奨励金のつけ方も改善し」、必要に応じ売渡予約を行った農家に特典を認めるとした。ただし、申告基準や、需給計画策定に必要な確定数量の集荷を保証する具体的な措置などの問題点も挙げられ、集荷の成否を決める価格などの条件整備の重要性なども指摘された（農業協同組合制度史編纂委員会 1968b：88-89）。

　続いて、この全販連から提案された予約売渡制の構想を農協グループ全体の意見として確認するため、3 月 30 日に全国都道府県経済連会長懇談会が開かれた。懇談会では全販連会長の石井が、食糧対策協議会の様子の報告とともに、農協グループの「自主的な集荷力に期待できるか否かが社会的に問われる」という旨を述べた。当時の食糧対策協議会の協議では、農協グループの自主的な集荷に依存する予約売渡制への賛意は多くなく、農協指導者層も消極的な意見があり、食糧庁内にも農協グループの集荷能力に懐疑的な声

　5）米穀対策委員会は、「全販連会員のうち米の主産県及びブロック別の代表県の経済連会長 21 名」を構成委員とし、「米に関する政策上の問題や業務上の重要な事項について協議決定する機関として運営され」た（農業協同組合制度史編纂委員会 1968b：88）。

があった（農業協同組合制度史編纂委員会 1968b：89）。

　そこで全販連は 4 月、予約売渡制の実施の方式や制度的な内容を明らかにした試案「予約売渡制の実施について」を策定し、予約売渡制を骨子とする「米穀管理制度に関する意見」を決定した。その骨子は、「(1) 集荷については、生産者の自主的売渡申込みに基づく集荷制度を実施すること、(2) 生産者の自主的申込みのとりまとめにあたっては、農協系統組織を活用し、全販連は、その自主的売渡申込みに基づき政府との間に予約売買契約を締結し、同時にその履行の責に任ずること、(3) 生産者価格は米の再生産を可能ならしめるものとし、予約売渡しのものに対しては、生産者価格に自主的売渡奨励金（仮称）を加算すること。なお本来の早場米奨励金は存続する」の 3 点であった。さらに 4 月 30 日、全指連、全国購買農業協同組合連合会（全購連）、農林中金、組合金融協会の代表は食管制度の改正問題について懇談し、全販連米穀対策委員会が決定した予約売渡制の基本方針を了承した。5 月 10 日にはこの問題についての最終的な意見調整を行い、(1) 集荷方式の直接統制の維持と農協グループを主体とした予約売渡制の実施、(2) 実行のための財政金融の措置ならびに予約奨励金の措置、(3) 再生産を確保する政府買入価格の設定、などからなる「食管制度改善に関する意見」を決定した（農業協同組合制度史編纂委員会 1968b：90；農業協同組合制度史編纂委員会 1969a：564-565）。

　このように、石井や荷見は、農協グループ、特に全販連の内部での詳細な検討を重ね、さらに、あくまでも農業者の自主的な申告に基づく売渡し制度であることを強調することで、その制度の重要性や農業者への受け入れやすさなどをアピールしていたと考えられる。また、考えられる問題点とその対策を農協グループ内で検討することで、その理論的バックボーンを強固なものにした上で、食糧対策協議会へ臨んでいたということが言えよう。このような事前の検討によって、予約売渡制が有力な案となっていったと考えられる。

　また、こうして提案された予約売渡制は、第 2 章で扱った農業復興会議の後継団体である、農民組合などの農業団体の 12 団体が加盟する組織である

第 4 章　米の統制・米価制度と農協グループ

中央農業会議や、農協グループとその組織改革をめぐって対立していた全国農業委員会協議会など、農協グループ以外の農業団体なども支持したとされる（農業協同組合制度史編纂委員会 1968b：90）。前章までで二次の農業団体再編問題や農業基本法の成立過程それぞれについて分析した際に見られた、党派横断的な農業団体間の連携や意見の合致が、この予約売渡制に関する議論についても観察されており、こうした要因も予約売渡制の成立に肯定的な影響を及ぼしたと考えられる。

　前述のとおり、食糧対策協議会は、1954 年米に関しては、割当方式と予約売渡制の併用を答申した。しかし食糧庁は予約売渡制の採用に消極的であったため、事務上の困難を理由に 1954 年産米に関しては新方式との併用ではなく、旧来の供出割当方式単独での実施を決めた。しかし供出割当による集荷の結果は 264 万 5000 トンにとどまり、現行制度の難点が明らかになった。一方で、与党・政府の中には統制の撤廃を支持する声も根強くあった。自由党は 1954 年産米に関して供出完了後の自由販売を主張していた上、前述のように 1954 年 12 月 10 日に成立した鳩山一郎内閣の農林大臣に就任した河野一郎は、かねてより統制撤廃を主張しており、就任早々米の統制撤廃の意向を表明した。他方、民主党は自由化にはそこまで積極的ではなく、政調会長の松村謙三をはじめとする政調会のメンバーは、間接統制は時期尚早であり、供出割当制度に代わる集荷方式によって管理制度を改善すべきという、改良を経た上での直接統制の維持を支持する立場であった。政府としては、1955 年 1 月の閣議で新年度予算大綱に米穀対策を盛り込むことを決定しており、また 2 月には衆議院選挙も控えていたことから、政府と与党間の不一致を避けるべく、農協グループ側の意見を受け入れた松村謙三民主党政調会長が意見調整に走り、集荷方式に必要な改善を加えるということで合意した。さらにこれを「各界の代表による公式な意見とするため」、1954 年 12 月 28 日、米穀懇談会を設置し、1955 年 1 月 20 日までに答申するよう依頼した。米穀懇談会の委員は食糧対策協議会のメンバーと重複が多く、石黒忠篤を座長として、本会議 2 回、小委員会を 2 回開会して、1 月 15 日に答申を行った。この答申では時間も限られていたことから、1955 年産米の集荷に限定して議論

がなされ、食糧対策協議会の答申に従った予約売渡制が基本路線となった。「生産者の自主的売渡しと集荷業者の活動促進を基調とする新しい体制をとる」こととして、具体化のための対策を協議した。議論の焦点は予約売渡制で必要量の米が集荷できるか、という点であり、農業団体は予約売渡制への一本化を主張したのに対し、米穀業者はその他に買い取り制など集荷業者へのインセンティブを与える方法を主張し、立場が割れた。しかし、小委員会委員長であった全中会長の荷見安の調整によって、「当面予約売渡制をとる」という方針が決められ、この下で「前渡金・予約奨励金・減税措置、予約と売渡義務との関係などが答申された」。これにより統制撤廃論は棚上げされ、1955年度産米に関しては予約売渡制が実施されることとなった（農業協同組合制度史編纂委員会1968b：91-92：全中三十年史編纂委員会1986：210-212）。食糧対策協議会での答申とりまとめに引き続き、ここでも荷見は重要な役割を担うこととなった。

　予約売渡制の内容および制度化に関しては、（1）生産者が、米価などの条件が適正で、政府に売り渡すことが有利であることを理解し、自主的に売渡しの申し込みに応じるような制度の設立、（2）集荷業者、とくに農協グループの集荷確保の能力とその促進方法、（3）予約売渡しをした生産者に支払われる概算金の支出への財政技術上の問題と生産者が売り渡さない場合の回収措置、の3点が問題となったと指摘される（農業協同組合制度史編纂委員会1968b：92-93）。第一の問題に関しては、基本米価を引き上げることとした。従来の不合理な奨励金を廃止しその分の価格を米価に組み込み、農協グループなどのかねてからの要求である生産費方式を参酌事項として取り入れた。また、概算金、申込加算、減税措置の3つの奨励措置もとられた。概算金とは、売渡しの申し込み時に生産者に支払う150キロ当たり2000円の「いわば手付金」で、売渡しの申し込みを促進する意図があった。農業収入の問題点は、他産業における労働者が比較的年間を通じて一定の収入を得られる機会に恵まれているのに対し、農業者の場合は、現金収入を得られる機会が収穫期に偏り、それ以外の季節には現金収入が乏しくなってしまうことである。そのため、概算金として申し込み時に一定額が支払われることは、農業者の

第 4 章　米の統制・米価制度と農協グループ

営農と生活にとって大きな援助であった。申込加算および減税措置は、「予約売渡しに基づいて政府に売るものとそうでないものとに差をつけて売渡申込みを促進しようとするもの」であった。第二の問題である集荷業者、とくに農協グループの集荷能力に関しては、食糧庁は極めて慎重であった。ゆえに農協グループも体制整備を進め、集荷活動を促進するために集荷手数料の引き上げと集荷奨励金の交付が行われた。また、自主的売渡しと直接統制との関連に関しても、食糧管理法第 3 条に規定された売渡義務に基づくものとされた。生産者が売渡し申込みとして申し込んだ数量が不当である場合の客観的是正措置として、地方行政機関との協力と連携を進め、米穀売渡推進協議会が設置された。このように、直接統制下での「『自主的』売渡しの趣旨の徹底と出荷の督励」が、農協グループの活動において重要であった。第三の問題点に関しては、「概算金の支払いを受けた生産者が売渡しを履行しなかった場合の措置」として、「概算金要返納額」の納付の責任を指定集荷業者へと契約上明確にし、1955 年 5 月 7 日には「昭和 30 年産米の集荷に関する件（閣議決定）の 4 による概算払いに関する覚書」が農林大臣と大蔵大臣の間に締結された。また、予約売渡制に伴う米代金の支払いについては、3 月 26 日、農林省・全中・全販連・農林中金の 4 者の間に米の「代金決済について」の協定が成立し、従来どおり「支払証票の集計金額が農林中金の全販連口座に振り込まれる形で処理されることとなった」（農業協同組合制度史編纂委員会 1968b：93-94）。このように、国家による統制を緩和し、直接統制の範囲内での農業者の自主的な売渡しを求める制度のあらましが決定されたのである。

　答申の結果を受け、1955 年産米からの予約売渡制の実施を目指し、1955 年 2 月の総選挙の結果を待たずに、食糧庁でも全販連と協議しながら実務要領の作成を急ぎ、前渡金・奨励金などにつき、3 月 15 日より大蔵省との折衝を開始した。農協グループ側でも、「全中に会長の諮問機関として全国連および経済連会長 15 名を委員とする『食管制度対策特別委員会』を設置し、2 月 17 日に初会合を行なった」。全販連でも、「予約売渡しの実施体制を整えるため、2 月中旬からブロック別に経済連会長会議を開」き、「農協活動の転

161

機」であり、米以外の品目の取り扱いの進展の契機であるとし、その「体制整備を強く要請した」。3月10日には全販連は米穀対策委員会において、「30年産米売渡制度に関する意見」を決定し、この中で「予約売渡制の具体的内容、地方行政機関などとの協力関係、ならびに趣旨の徹底普及方策」などを検討し、「売渡方法・価格・予約奨励措置、集荷団体に対する売渡促進措置などの具体的な措置」を盛り込んだ。また、同日の会合で、「政府の集荷予定数量の決定、予約目標数量の決定、予約の取りまとめ、予約数量の補正などについての協力関係、関係機関をもって構成する予約売渡推進協議会（仮称）の設置など」を内容とする、「予約売渡制における協力体制の確立について」に関しても合意した。これらの2つの決定は、3月30日の全国都道府県経済連会長会議で確認され、さらにこの会議では「政府当局に予約制の全面実施について徹底した決意を要望した」。さらに「予約売渡制に関する申合せ」を行い、「政府に対し本制度実施に必要なる諸要件の具現を要請するとともに」「積極的に予約とりまとめと売渡しの推進をはかる」こととなった。3月中旬以降、「各県とも経済連を中心に一斉に郡別会議や部落実行組合長会議などを開いて趣旨の徹底を図る」など、組織末端への予約売渡制の浸透を進めていった。また「県段階における予約売渡推進協議会」も結成されていった（農業協同組合制度史編纂委員会1968b：96-97）。このように、農協グループは他のアクター、特に食糧庁や政府から懸念されていたその集荷能力の担保に向けて、グループ全体を上げて急ピッチで準備を進めていったのである。

　しかし1955年産米からの予約売渡制の実施については、政府の側の体制が整うまでにはしばし時間がかかった。予約売渡制に伴う概算金のための予算措置の実施の閣議決定が一般会計および特別会計予算と同時にされる予定だったが、予算米価をはじめ、前渡金や減税措置などについての大蔵省と農林省との間の意見の食い違いから難航した。3月27日には大蔵省から農林省に対し、（1）予約売渡制が統制撤廃の過渡的措置であることと統制撤廃時期の明示、（2）新制度により集荷を確保する保証の不確実性、（3）前渡金の政府回収を保証すべき措置の明示、などの申し入れがあり、調整が進められ、

第4章　米の統制・米価制度と農協グループ

5月6日、両省の折衝で大枠の一致を見たことで、5月7日に「昭和30年産米については、（中略）事前売渡申込制をとり、従来の供出割当制に代えて、生産者の自主的売渡と生産者から委託を受けた集荷業者の活動促進を基調とした集荷方式をとる」とした閣議決定がなされ、1955年産米の予約売渡制に基づいた集荷が決定した（農業協同組合制度史編纂委員会1968b：97-98；農業協同組合制度史編纂委員会1969b：292）。

　閣議決定に伴い、同日、農協米穀予約売渡推進運動中央本部と全国農業会議所ではそれぞれ声明を発表し、予約売渡制の実施について、自らは「すでに本制度の円滑な運営とその実行をあげるため十分なる心構えと実行体制」を整えているものの、閣議決定の内容の不十分さを指摘し、条件整備を強く要請した。1955年5月11日、中央会・経済連・信連の三連会長会議が開かれ、「米穀予約売渡制に関する要請」が採択され、米価に関しては、1955年産米の政府買入れ価格は「再生産費を補償する生産費方式を採用」し、従来農協グループが要求していた「石当り12,500円を参酌し、5月中に決定発表すること」や、「端境期の時期別の価格差は早場米の早期売渡しを促進しうるよう決定すること」、「地域別、銘柄価格差を設けること」、などを求めた。また、予約奨励措置に関しては、期間内に予約数量の売渡しを行った生産者には「買入価格の1割程度を目途として予約奨励金を交付すること」や、売渡しを行った予約数量は「その価格を課税所得に算入しない」こと、「前渡金額は政府買入価格の3割程度として、契約と同時に支払うこと」などを求めた。6月8日には全中の荷見会長と全販連の石井会長が民主党米価対策委員会の広川弘禅委員長を訪ね、「米価および予約諸条件の決定に際しては、農民大会における要望を十分考慮すること、また、至急米価審議会を開催することとしてその答申を尊重すべき旨を強く申し入れた」（農業協同組合制度史編纂委員会1968b：98-99）。このように、1955年度産米に関する予約売渡制の導入が閣議決定されたのち、次の焦点は米価の決定過程に移り、農協グループは他団体と協調しつつ、そちらへと活動を傾注していった。

　米価審議会は6月21日に開催され、休会を挟み6月29日から7月2日まで4日間にわたり討議を行った。最終日に出された答申では、政府が提案し

163

たパリティ方式に基づく買入価格を不適当であるとして、買入価格の計算方式として、農協グループ側が求めた生産費方式を採用することなどを求めた。これに対して全販連では、米価審議会開催中の 6 月 30 日、7 月 1 日に経済連会長会議を開き、米価審議会で出された米価の政府案への不満や、予約加算がないこと、政府が予約売渡制を実施する可能性に懸念が示されたが、5 月 11 日の三連会長会議の内容を踏襲し、全中会長の諮問機関である食管制度対策委員会に申し入れ、その活動を促した。食管制度対策委員会は、6 月 29 日から 7 月 4 日にかけ、中央各連会長も交えた会議で今後の米価対策を協議し、米価審議会の答申の実現を図ることを決定し、米価審議会の答申を尊重するように農林大臣へ申し入れた。その後、農林大臣と大蔵大臣の意見対立が解消し、7 月 9 日に閣議決定された（農業協同組合制度史編纂委員会 1968b：99-101）。

　このようにして米価が決定されたことで、予約売渡制の概要が定まり、集荷体制の構築と実施へと過程は進んだ。全販連はさかのぼること 1955 年 4 月 1 日、新年度に際し「米穀局」を設置し、「予約売渡制実施に備える業務執行体制を整備」し、予約売渡制を農協グループの「活動強化の基礎固めを行う重大契機」として臨んだ。7 月 12 日、食糧庁は全国集荷予定数量を 2350 万石と決定し、これを全販連などの全国集荷団体に指示した。これは昭和 30 米穀年度（1954 年 11 月から 1955 年 10 月）と同じ配給を維持するために必要な最小限の数量であり、1954 年産米の集荷状況を踏まえても現実的だったとされる。全販連は、同日付の食糧長官名による玄米換算 330 万トン（2200 万石）以上の集荷を期待する旨の通知を受け、集荷予定数量を 340 万 4000 トン（2269 万石）以上とした。7 月 27 日、予約売渡し申込みの受付の開始、売渡し契約の締結、概算金の支払いの開始が行われた。「各県とも生産者の予約売渡申込みは順調」で、「8 月 31 日の締切時の申込数量の累計は集荷予定数量を大幅に上回る 416 万 3,000 トン（2,775 万 3,000 石）となった」。1955 年産米は豊作であり、食糧庁の方針を受け第二次予約売渡し申込みを認めることとなった。10 月 5 日に閣議決定がなされ、10 月 11 日から 11 月 30 日まで申込みを受け付けた結果、最終的な申込みは 461 万 9000 ト

ン（3079万5000石）となり、売渡し実績は最終数量で478万5000トン（3190万1000石）となった（農業協同組合制度史編纂委員会1968b：102-103）。このように、豊作にも恵まれ、予約売渡制は好スタートを切ったのである。

　一方で、前述のように予約売渡制を統制撤廃への経過措置であるととらえる意見も与党政治家の中にはあった。農協グループとしては予約売渡制の成功は直接統制の存続にプラスの影響を及ぼすと考えていたが、統制撤廃を求めていた大蔵省・財界は、統制撤廃への条件整備と解釈した。さらに、統制撤廃を持論とする河野一郎が農林大臣となっていたこともあり、農協グループ側としては予約売渡制の完遂を訴え、1955年9月21日に、全中と全国農業会議所の共同開催により、各都道府県の中央会・経済連・信連の会長と農業会議会長の合同会議が開かれ、「米穀統制法式に関する声明」を発表した。この中で両者は、予約売渡制という新制度が実施されている最中にもかかわらず、現行の米穀統制の撤廃や間接統制への移行を求める意見が、とりわけ政府内より出ていることを問題視し、「農民の努力を冒瀆するとともに不信の念を抱かせ、かつ食生活の安定を望む消費者の期待にもはなはだしく反するものである」として、予約売渡制の存続を主張した（農業協同組合制度史編纂委員会1968b：103）。予想される統制撤廃の議論に対して先手を打ち、農業者の信頼や消費者利益という側面から、予約売渡制の実施により安定的な米の供給がなされると主張し、その存続を求めたのである。また、前章で分析したように、団体再編問題については反目しあっていた両者が予約売渡制の実施に関して協調していることも、この問題が農業団体間では超党派的な合意争点としてとらえられていたことを示していると言えよう。

　こうした予想のとおり、河野一郎農林大臣は1955年11月29日の記者会見で、「商人系統の意向を背景」として、余剰米吸収のため特別集荷制度の実施の意向を明らかにした。これに対しては中央農業会議が、特別集荷制度の実施による、進行中の予約売渡制の実施の混乱のおそれや統制撤廃の企図を指摘し、反対の声明を発表した。また、農協グループ側でも、1955年産米の集荷方式は予約売渡制のみの実施を前提として予約売渡運動の推進を展開しており、予約売渡制以外での集荷を行うという特別集荷制度の実施は、生

産者の協力への裏切りであり、進行中の予約売渡の契約履行への混乱や、ヤ
ミ米流通の温床となることによる予約売渡制の実施の困難化などの問題点を
指摘し、特別集荷制度には反対し、予約売渡制の下での集荷の際の価格を増
額した上での予約申込の実施を要請した。河野が12月8日の参議院農林水
産委員会において、農協グループが増額改定予約申込みに実績を上げれば特
別集荷制度には固執しないと明言したことを受け、農協グループはその実現
に全力を期した。その結果、増額改定申込数量は46万5000トン（310万石）
に達し、引き続き予約制確立米穀売渡促進運動を展開して、さらに45万ト
ン（300万石）の売渡しを期した。このような実績を積んだ上で、1956年1
月13日には全中は食管制度対策委員会を招集し、特別集荷制度の実施反対
と、予約制確立米穀売渡促進運動の推進とを決定した（農業協同組合制度史編
纂委員会1968b：103-105）。このように、予約売渡制の初年に順調な集荷の実
績を収め、その実施に反対する議論も退けたことは、その後の制度の確立に
大きな影響を及ぼしたと考えられる。

　その後、1956年産米以降の集荷も順調な推移を示した。生産者の予約売
渡申込数量は、政府要請数量に加えて中央米穀売渡推進協議会の集荷目標数
量も期限前に突破した。予約売渡制の定着と農協グループの集荷力への認識
の高まりに伴い、統制撤廃の意見は静まったとされる（農業協同組合制度史編
纂委員会1968b：105）。農協グループは、1950年前後に多くの単位農協が経
営不振に見舞われて以来、事業経営の改善を模索していた。その中で販売事
業に関しては、農産物の統制撤廃に対処して「農協への無条件委託を中心と
する系統共販運動」の展開や、「農産物市場の安定化をはかるため農協の自
主的販売調整を内容とする農産物価格安定法の制定」（1953年8月）の促進
などに取り組んだ。予約売渡制の導入と確立に農協グループが組織を上げて
傾注したのも、このような経営的事情を背景としてしていたとされる。予約
売渡制は、「供出割当制度の行き詰まりという情勢に対応する集荷機構の再
編」である一方で、「生産者の『自主性』に立脚して」農協グループが「形
式の上で自主性を標榜しながら、食糧管理制度運営の実質的な担い手として
強力な地位を確立したものであった」とされる。この予約売渡制を実施する

ために、「米の集出荷計画の策定や売渡しその他の実務」を進めていく中で、販売体制の整備に加え、「予約売渡制の実施に伴う米価の引上げ、概算金並びに代金の支払い、集荷手数料の引き上げなどによって、購買・金融事業も含めて経営面の寄与」は大きかったとされる（農業協同組合制度史編纂委員会1968b：111-112）。

　本節で検討してきたように、不作・食糧難とそれに対処するべき米の集荷システムの改革という機会をとらまえて、農協グループは予約売渡制という新しいシステムを提唱し、その導入に成功した。この新システムでは、農協グループが政府と農業者との間に立って米の政府への売渡しの予約を取りまとめることにより、政府にとっては、農業者の政府への不満を減らし、あくまでも農業者の自主的な協力による集荷ということで、自らの責任を減らした上で、より円滑な集荷システムを構築することができる利点があった。一方で、農協グループとしては、新システムにおいて集荷のためにより重要な地位を得ることで、今後の米価をめぐる交渉において有利な条件を得た一方、経営改善に関しても重要な手段を手に入れたのである。この予約売渡制の導入に関しては、全国農業会議所や中央農業会議などの他の農業団体やその上位連合も肯定的な立場をとったこと、そして農協グループ、とりわけ全販連が事前に詳細な協議を行い、その理論的な正当化や計画の具体化を行っていたことなどが、その成功要因として挙げられよう。さらに、こうした外生的条件や超党派的協調体制を生かした、荷見や石井をはじめとする農協指導者のリーダーシップもあった。新しいシステムの検討過程でイニシアティブをとることにより、自らに有利なシステムの構築に成功したのである。1955年産米の豊作という条件にも恵まれ、予約売渡制の始まりは、農協グループの権力の拡大という、その後の日本農業の構図を決める大きな影響を日本農政にもたらした。農協グループは政府へ米を供出する際のより大きな裁量を得ることになり、農協グループはその後数十年にわたり、1993年に統制が撤廃されるまで、この地位をテコに、大きな権力を持つこととなるのである。

第5節　河野構想と米価交渉における農協グループ

　本節では、予約売渡制というシステムの導入に成功した農協グループが、そのシステムをどのように利用していったかを分析する。予約売渡制はその後も引き続き実施されたが、米価に関しては、必ずしも農協グループの要求が実現されたわけではなく、1950年代後半の生産者米価は停滞したと評された（農業協同組合制度史編纂委員会 1968b：215）。そのため、農協グループは米価運動を活発にさせていくことになる（農業協同組合制度史編纂委員会 1968b：225）。1961年の米価に関しては、6月10日、全国都道府県農協中央会連合会合同会長会議において、1万1914円の要求米価を決定し、米価対策推進中央本部を設置した[6]。この農協の要求米価を、6月15日には中央農業会議が「全農業、農民団体の統一米価」とし、米価要求大会の開催を決定した。農協グループ側でも、6月22日には東京の日比谷公会堂に3000名の農協代表者を集めて米価要求全国代表者会議を開き、「米価要求史上初めての農協単独のデモ行進」を行った。7月2日、「再び、代表者3,000人を集めて、要求米価貫徹緊急全国大会」を開いた。さらに7月6日から1961年産米の予約申込みの受付開始という閣議決定に対して、農協の米価対策推進中央本部では、「米価決定までは予約の申込みをしない」という方針を立てた。もっとも、これは影響が甚大で社会問題に発展する恐れがあるとして、翌7月7日の午後1時をもって予約停止は解除された。このように農業団体の米価要求の活動は盛り上がりを見せたが、政府・与党の側の反応は鈍く、7月8日の自民党米価問題懇談会における政府案の1万707円50銭から検討に入り、11日の臨時閣議で一任を受けた周東英雄農林大臣が、1万1052円50銭での諮問案を決めた。米価審議会は、この諮問を受けて7月13日から15日まで審議を行い、「(1) 生産費および所得補償方式による算定について、

6）米価対策推進中央本部は、各県の米価対策推進本部、全中、全販連、全購連、全共連、全国厚生連、新聞連、全国組合金融協会、農林中央金庫、家の光協会から構成されており、農協グループの主要な組織がほぼすべて含まれていた（農業協同組合制度史編纂委員会 1968b：226）。

第4章　米の統制・米価制度と農協グループ

農家の選定と自家労賃の評価に当を得ないものがある、(2) 米の供給力増加に対して運用が弾力性を欠いているとして、政府諮問米価を不適当と答申した」。しかし、政府は意に介せず、18日の定例閣議で、周東農林大臣の諮問案どおりの1961年米価を決定した（農業協同組合制度史編纂委員会 1968b：226-227）。農協グループ側では、最終的には一日で撤回したものの、予約売渡制の実行に協力しない可能性まで示すことで、交渉を有利なものにしようと図った様子が観察された。

　さらに事態は、直後の7月18日に河野一郎が農林大臣に再び就任したことにより緊迫する。7月31日、農林省は「米穀の管理制度の運営の弾力的改善とその根幹の堅持に関する構想」を発表した。この構想は、大臣の名前をとって「河野構想」と呼ばれた。河野構想は、「米の流通については予約制による政府買入方式と、自由販売の併用が骨子」となっており、価格については、統制価格と自由価格とが共存し、統制価格はおおむね従来どおりの方式で定め、自由価格は最高価格の規制を設けることで、安定化させる、という計画であった。一方で、自由価格が統制価格を上回ってしまった場合は、農協グループを通じた予約売渡しが進まず、政府が必要量の買入れを確保できないことが予想され、この構想は崩壊することとなる、という問題点もあった。これに対して、農協グループからは「問題点」と題した疑問提起と、「意見」と題した反論が全中の名で発表された。この中では、河野構想を「自由流通の分野の拡大を意図する」ものであるとし、「われわれは、消費者に対しては家計の安定のために、生産者に対しては農業経営および生活の安定のために寄与し、ひいては国民経済の成長発展に大きく貢献する現行制度の機能は、これを継続する必要ありと認める」とし、河野構想に反対の姿勢を明確化した。これに対して河野農林大臣は、この構想の実現化を目指し、8月から9月にかけて全国を遊説して回った。自民党では、10月21日の臨時食管問題懇談会小委員会で河野構想は時期尚早であるとするものの、28日の懇談会総会では結論が出ず、1962年1月16日に農林省に設置された、松村謙三を会長とする「米穀管理制度に関する懇談会」の検討に委ねられた。その後、7月に農林大臣が河野から重政誠之へと交代したことや、松村会長

169

の外遊もあり、河野構想は棚上げとなった（農業協同組合制度史編纂委員会 1968b：227-229）。こうして、予約売渡制はその制度的な危機を乗り越えたのである。また、この中で農協グループがその正当性を主張する際、生産者のみならず消費者の生活安定にまで言及していたことも注目されよう。その主張が広範な利益を代表しているものであることを強調することで、その主張の正当性を高めようとしていたのである[7]。

　その後も、予約売渡制の改正に関する議論は散見されたが、実現性を伴う構想は提案されなかった。たとえば、1962 年 12 月 12 日に政府に設けられていた「米穀管理制度懇談会」は、重政農林大臣に対して、米の集荷制度に関する報告を行った。報告では、3 案が併記されていた。第一の案は、河野構想に沿った間接統制への移行案であった。この案では、「米の売買は原則として自由にし、政府は適正な支持価格を設定し、一定価格で一定数量の米を買入れる義務を負うことにし、市場を通じて売買することにより、需給と価格の安定をはかる」としていた。生産者は政府への義務売渡し後には米の自由販売ができ、小売業者は政府から購入した米を標準価格以下で売るとともに自由買入れができ、消費者は一定量を標準価格以下で買えるとしていた。第二の案は、直接統制を基準とした食管制度改正案であった。（1）産地銘柄の設定と一部政府以外への売渡しを合理化、（2）予約制を継続、ただし予約米も政府以外への売却可、（3）予約以外の米も政府には一定価格で無制限に買い入れる義務、（4）全面配給割当制は廃止、ただし消費者の希望により政府指定の価格で割当配給としており、「第一案の移行過程」に近いものであった。第三案は、全面直接統制を維持しながら、「配給面での統制の大幅緩和ないし廃止」を構想していた。しかし、議論をまとめることができなかった結果としての三案併記という状態であり、実現性には乏しかった。その後、重政農林大臣は私的諮問機関ではなく法律に基づく調査会を設けることを目指し、「臨時食糧管理制度調査会設置法案」が農林省内で用意されたが、国会提出までには至らなかった（農業協同組合制度史編纂委員会 1968b：234-235）。

　　　　7）なお、農業団体だけではなく労働組合や消費者団体も、米の自由化の後に米価が上
　　　　　昇することを危惧し河野構想に反対した（岸 1996：158）。

第4章　米の統制・米価制度と農協グループ

　その後、生産者米価は上昇を続けた。1964年産米に関しては、農協の要求米価は、基本米価1万5798円に、米不足傾向を見越して予約売渡しを促進するための特別加算金750円を加えた、1万6548円であった。農協グループでは各県で米価大会を開催し、その参加者数は20万人に及び、署名者数は420万人に達した。これは政府・各政党に対しての相当に大きな圧力となった。さらに、7月2日から米の売渡しの予約受付が始まったが、一部の県を除いては、再び米価決定までは予約申込みをせず、米の売渡しを延期する構えが見られた。政府は1万3888円を案として米価審議会に諮問したが、米価審議会は「生産費及び所得補償方式に算定するのを妥当とする」と答申に明記した。これらの状況を踏まえ、自民党米価懇談会では1万5616円を提案し、政府・与党折衝の結果、1964年7月9日、1964年産米価は1万5001円と決定した。この中では、農協グループが要求した特別加算750円のうち、550円が認められていたことも特筆される。この結果、米価は初めて1万5000円の大台に乗った。さらに農協グループでは翌年以降、2万円台への上昇を求めて活動を続けた（農業協同組合制度史編纂委員会1968b：235-239）。このように、予約売渡しに農協グループが大きく関与したことにより、それに協力しない、というオプションが取引材料として加わり、実際に活用されていたのである。

　その後、米の統制が継続されたことに加えて、米価は継続的に上昇した。図4-1は政府が農業者から60キログラムの米を買う際の価格（左軸）を示したものである。インフレーションの影響を排除するため、比較として消費者物価指数（右軸）を加えている。この図からわかるように、実線で示された米価は、1960年代以降継続的に上昇している。破線で示された消費者物価指数と比較すると、米価は消費者物価指数が1960年代と70年代に上昇したよりもより急速に上昇している。農協グループが代替不可能な地位を食糧生産システムの中で占め、1960年代に政府と交渉したことを考えると、農協グループが政府から獲得したシステムは、インフレーションよりも米価を高く保つことに貢献したと言える[8]。これにより、農業者の経済的な豊かさに貢

　8）ただし、とくに1970年代以降は、自主流通米制度（佐伯1987：90-91）や予約限度

171

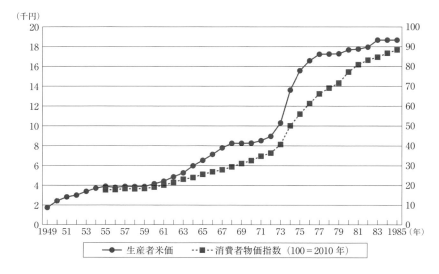

図 4-1 生産者米価と消費者物価指数の変遷
出典：食糧政策研究会編（1987：11）（生産者米価）；内閣府ウェブサイト（消費者物価指数）。https://www5.cao.go.jp/j-j/wp/wp-je12/h10_data05.html

献し、米価上昇という、共有された目標へと農業者の活動を団結させることができたのである。

第 6 節　小括

　本章では、戦後日本の農業政策が、政策と人々の間の相互作用を通じて、どのように形成されてきたのかを分析することで、農協グループの組織維持の一端を明らかにするよう試みた。第 1 節で、米価・米流通システムを概観した後、第 2 節から第 5 節までで、終戦直後から 1960 年代前半までの米の集荷・供給システムならびに米価決定システムの形成過程を分析した。第 2 節に見られるように、戦後の食糧危機による国民の不満を和らげようとする

数量制（河相 1994：77-79）など、食糧管理制度に大きな変更が加わっていることに留意が必要である。

政府の意向をとらえて、農協グループは他の農業団体と協力し、自らの発言権のある民主的な審議会の設立を目指し、1949年の米価審議会の設立につながった。第3節の分析で明らかになったように、1950年に米の統制撤廃の議論が起こるものの、1950年の朝鮮戦争の開始による食糧供給の不確実性と、農業団体間の超党派的な反対運動により、米の統制の撤廃は失敗した。第4節では農協グループに米の集荷で重要な地位を与えることとなった予約売渡制の成立を分析した。農協グループ側からこの新たな米集荷システムを提案し、農協の指導者たちが議論のイニシアティブをとることで、他の農業団体の協力も得て、新システムの導入を決定させたことを明らかにした。そのシステム内で農協グループは政府と農業者との間の中間団体として機能した。第5節では、予約売渡制成立後の農協グループの米価運動と米価の関係性を分析した。米集荷システムにおいて、集荷団体として他の団体では代替不可能な重要な地位を得たことにより、農協グループは米の集荷に協力しない可能性を示しながら政府に協力を迫り、自らの利益を効果的に主張していった。その結果として1960年代以降の米価は、物価上昇率よりも高い上昇を示した。

　以上の本章における発見により、農協グループの戦後の政治的成功には、その戦略が重要であり、とりわけ与えられた条件を利用し、政府と個々の農業者の間の中間団体としてイニシアティブをとることが重要であった、ということがわかった。もちろん、戦時中に直接統制が導入されていたことや、終戦直後の食糧危機や朝鮮戦争などにより統制撤廃が困難な状況が生まれていたことなどの、農協グループにとって望ましい状況が外生的に生じていたことは否定されるべきものではない。しかし、与党政治家や農林大臣が米の統制撤廃を議論していたことからもわかるように、こうした条件が覆される可能性は大いに存在した。しかし本章で分析したように、農業団体間の超党派的な協力体制の構築や、指導者のリーダーシップにより、農協グループはこれらの条件を持続可能なものとし、その後の米価の上昇を導くことで、自らの構成員の利益を代表するという機能を効果的に果たし、その一体性を高めることに成功したのである。

第5章

『家の光』と農協グループ
──家族ぐるみの組織化

　前章では、農協グループが戦後の米政策の決定過程の中で重要な地位を占め、構成員の忠誠心の向上に貢献したことを明らかにした。本章では、より直接的に構成員に対してどのようなアプローチで忠誠心を高めるような行動をとっていたのかを分析したい。農協グループは経済団体として注目されることが多く、構成員たる組合員もその経済的利益を求めて農協グループに所属しているとされる（立花1984：神門2006など）。しかし、農協グループの活動はそればかりではない。本章では、農協グループの発行した雑誌とその内容、さらに農村女性へのアプローチに着目し、経済団体としての側面以外の、社会文化的な団体としての側面に焦点を当てて分析を行う。

　本章は以下の内容で構成される。第一に、1950年代に行われた組合員を対象としたアンケートから、農協グループに対する組合員の評価と、その活動への参加状況を分析する。第二に、農協グループの発行する雑誌である『家の光』の概要と、戦前の創刊から終戦直後まで、さらに農協グループの女性の組織化の取り組みを分析する。第三に、戦後の『家の光』の記事内容を分析し、女性教育と家庭内での女性の自立を目標として活動を行っていたことを明らかにする。第四に、2つ目の内容分析として、高度経済成長に伴う産業構造の変化に適応した誌面作りを心掛けていたことを明らかにする。最後に本章で得られた結論をまとめ、その貢献を明らかにする。

第1節　組合員の評価と参加

　序論で指摘したように、これまでの研究では、農協グループの組織力を、

その独占的地位の結果とするものが多く、半強制的なものであるととらえる傾向があった。ただし、当時の組合員へのアンケート結果を分析すると、そのような強制性だけではなく、組合員の側にも農協を肯定的に評価する側面もあったことは否定できない。

　以下に紹介するのは、1958年の1月から3月にかけて、農協グループが行った、組合員の農協についての考え方についての調査である[1]。一農協あたり50の組合員を、田作地帯、畑作地帯、特産地帯、酪農地帯、山林地帯、都市近郊の6つの農業様式からなる、1つは組合活動が比較的活発で、もう1つは組合活動が不活発な、12の市町村レベルの農協から選んだ。表5-1は、以下の4つの質問に、それぞれ肯定的ないしは積極的な回答をした回答者の割合を示したものである。

　問①「農協はあなたがたの日常生活（生産、消費）になくてはならないものだとお考えですか」答「なくてはならない存在だと思う」

　問②「農協は農産物の販売、農家で使う資材の購買や預貯金、資金貸出などの事業をやっていますが、商人や銀行などとは違ったものだとお考えになりますか。それとも違わないとお考えですか」答「違う」

　問③「さきごろ農協役員が改選されましたが、その時あなたは投票しましたか」答「投票した」

　問④「あなたは農協の総会にいつも出席しましたか」答「いつも出席した」

　また、前者2つの質問に関しては、自由回答でその理由についても尋ねている。

　最初の2つの質問からは、多くの組合員が農協グループを必要で特別なアクターであると考えていたことがわかる。全ての農協で、少なくとも60％の回答者が農協グループはなくてはならないと回答していた。理由として、米の統制に必要、という便益からの視点や、農協は信頼できる、土地改革の成

1）調査期日は1958年1月24日〜3月8日。一農協あたり2〜3の集落を選び、その集落内の正組合員のうちから無作為系統抽出法により一農協あたり50名を選出し、聞き取りの方法によって調査を行った（家の光協会 1958：8）。

第5章　『家の光』と農協グループ

果を守る、商人に対抗する、農家の味方であるとする視点が挙がった。また、70％以上の回答者が農協は商人・銀行とは異なるとした。その理由として、「利益を目的としない」「自分たちの団体だから」「共同の利益を目的とするから」「商人は相手の顔を見、人の弱みに付け込んでかけひきするのであぶない」「親近感がある」などといった回答が挙がった（家の光協会 1958：18，42-43，74，85-86，99-100，109-111，123-124，143-144，154-155）。なお、これら2つの質問に肯定的な回答をした人が8〜9割に達する農協も少なくなかった。

　後者2つの質問からは、農協の組合員が、積極的に組合活動に参加している様子がうかがえる。役員選挙で投票したか否かに関しては、最低でも70％の回答者が投票したとしており、8つの農協では90％の回答者が投票したと答えている。総会参加に目を移すと、「いつも出席した」と答えた人は最低の農協でも56％であり、4つの農協では80％台、4つの農協では90％以上となった。これらは実際の投票率や参加率ではなく、自己申告の数値であり、かつ農協グループ自身が行った調査であるということに注意する必要はあるが、それらの事情を考え合わせても、組合員は自ら組合活動に取り組むなど、ある程度農協グループの存在を肯定的に評価していたということができるだろう。

　また、同時期に農林省が行った世論調査も残されている[2]。そのうち、3つの質問とその回答に着目したい。第一に、農民にとっての農協の必要性を問う質問に対し、「どうしても必要」と答えた者は50％、「あった方がよい」と答えた者は37％と、肯定的な回答が9割近くを占めた（表5-2）。第二に、農協は自分達のものだという感じがするか、銀行や商人などと同じようなものだという感じがするか、という質問には、前者が71％、後者が14％と、前者が圧倒している（表5-3）。第三に、総会について、「大体いつも出席し

2）農林省の委託により内閣総理大臣官房審議室で設計したもので、調査の実施は社団法人中央調査社に委託された。調査期日は1958年9月3日から8日まで、層化多段無作為抽出法で、3000の標本（農協に加入している農家の実質上の世帯主）を抽出した。地点数は北海道を除く200地点で、質問票による個別面接聴取で行われ、有効回答数は2663であった（内閣総理大臣官房審議室・農林省農業協同組合部 1959：7-8）。

177

表 5-1　農協グループによる組合員調査（1958 年）の概要

（単位：%）

組合名		宮城 W	宮城 V	茨城 I	茨城 T	長野 S	長野 H
耕作様式		稲作	稲作	畑作	畑作	酪農	酪農
農協活動		活発	不活発	活発	不活発	活発	不活発
肯定的、ないし積極的な回答者の割合	問①	98	90	78	64	86.3	64
	問②	92	96	74	80	78.4	84
	問③	94	98	82	94	100	96
	問④	80	88	78	76	72.5	56

組合名		静岡 H	静岡 O	徳島 H	徳島 K	福岡 K	福岡 T
耕作様式		特産	特産	山林	山林	都市	都市
農協活動		活発	不活発	活発	不活発	活発	不活発
肯定的、ないし積極的な回答者の割合	問①	90.2	60	94	70	88	66
	問②	86.3	76	90	70	94	76
	問③	98	98	96	84	80	70
	問④	92.1	86	72	90	84	72

注：問①〜④の内容は本文 176 頁に記載。
出典：家の光協会（1958：167-243）。

表 5-2　農協の必要性

問：一体農協は、農民のためにどうしてもなくてはならないと思いますか。
　　ないよりあった方がよいと思いますか。
　　それともあってもなくてもかまわないと思いますか。

	（%）
どうしても必要	50
あった方がよい	37
あってもなくてもよい	11
いらない	1
わからない	1
合計	100

出典：内閣総理大臣官房審議室・農林省農業協同
　　　組合部（1959：15）。

第 5 章　『家の光』と農協グループ

表 5-3　農協と銀行・商人の違い

問：あなたは農協をごらんになって「ここの農協は自分のものだ」という感じがしますか。
　　それとも「銀行や商人などと同じようなものだ」という感じがしますか。

	(％)
自分達のもの	71
銀行・商人と同じ	14
わからない	15
合計	100

出典：内閣総理大臣官房審議室・農林省農業協同
　　　組合部（1959：16）。

表 5-4　農協総会への出席

問：あなたは、農協の総会にいつも出席しますか。出席しないことが多いですか。
　　（いつも出席しているものに）総会で発言したことがありますか。

	(％)
いつも出席する	73
（うち、発言したことがある）	(30)
出席しないことが多い	19
いつも出席しない	8
合計	100

出典：内閣総理大臣官房審議室・農林省農業協同
　　　組合部（1959：27）。

ている」と答えた者が 73％、うち 30％が、総会で発言したことがあると答えている（表 5-4）。

　以上の 3 つの質問とそれに対する回答からは、農協グループが行った調査と同様の傾向が読み取れ、農協の必要性を組合員が認識し、総会に参加し発言するなど、農協の運営に関心を持っていた様子がうかがえる。

　組合員による農協グループの高評価と、組合活動への積極的参加という 2 つの事実からは、農協グループは、構成員とのつながりを保つことと、農業者にとっての農協グループの有用性を理解させることに成功した、と言っても差し支えないであろう。第 1 章で分析したような、特に戦時中における戦

争遂行という農協グループの組織制度の起源を考えれば、政策担当者の意図からは顕著にかけ離れた結果が観察される。戦時中の政策担当者は、農業者の団体を、戦争を遂行し、兵士と国民を養うための食糧を効率的に産出するための方法としてとらえていた。しかし、戦後に政府からの抑圧がなくなると、本質的には同様であるはずの制度が、構成員の積極的な参加を獲得し始めたことを、上記の調査結果は示唆していると考えられる。異なる政治状況下では同様の制度が異なる働きをしうることが示唆されたと言えよう。次節以降は、この背景に何があったのかを、農協グループの発行した雑誌に注目して分析する。

第2節　『家の光』の概要

前節では、組合員が農協グループを肯定的に評価し、その活動に参加する姿勢を見せていたことを確認した。以下の節ではこの背景を分析する。組織を維持するために、農協グループは戦前の産業組合時代から引き継いだ活動を活性化させ、また新たな試みを通じて、組合員を組織へと引き付ける必要があった。そうした試みの1つが、自組織が発行する雑誌を、組合員や農村居住者に配布することであった。農協グループは家の光協会という名の自身の出版社を設立し、主に3つの雑誌や、その他の専門書籍を出版していた。『家の光』はそうした雑誌の1つであり、農家や農村の女性を対象にしたものである。その他2冊は『地上』と『こどもの光（現・ちゃぐりん）』であり、前者は「主に地域農業の担い手、JA青年部員、JA役職員、地域リーダー層」[3]を対象とした雑誌であり、後者は農村家庭の児童の教育を目的とした雑誌であった。

『家の光』がとりわけ重要であるのは、その配布数の観点からである。その配布数は戦後劇的な上昇を見せた。図5-1は、家の光協会が発行する3つの雑誌である、『家の光』『地上』『こどもの光』の発行数の変遷を示したグラフである。図が示すように、『家の光』の配布数は終戦直後に減少を示し

3）家の光協会ホームページ（http://www.ienohikari.net/press/）より。

第 5 章 『家の光』と農協グループ

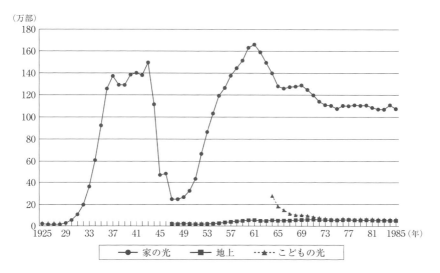

図 5-1 『家の光』『地上』『こどもの光』発行部数（原則として毎年 5 月号）
出典：家の光協会（1986：410-411）。

たが、1950 年代に回復を見せた。この配布数の回復を分析することは、前述のような農業者人口の減少にもかかわらずなぜ農協グループは組織維持ができたのかを理解するためにも、意義があると考えられる。換言すれば、雑誌配布における農協グループの戦略は、どのようにして農協グループが困難な状況にもかかわらず組織を維持しようと試みたのかを知る上で、良い出発点となりうる。

　もう 1 つ特筆するべき点は、農村青年向け雑誌である『地上』よりも、農村女性向け雑誌である『家の光』の方が、歴史も部数も大きく優越している点である。図 5-1 が示すように、『地上』の発行部数が最も多かった 1971 年ですら、『地上』が 6 万 3312 部であったのに対して『家の光』は 120 万部弱と、およそ 19 倍の発行部数を挙げていた。発行部数の差異から考えても、家の光協会が『家の光』の出版・発行に力を注いでいたと考えられ、どのような編集方針・普及方針で臨んでいたのかという点は、農協グループの活動

方針を探る手掛かりとして、分析に値すると考えられる。

　また、他の雑誌と比較した場合にも、販売部数は大きなものであった。時代は下るデータであるが、1982 年上半期の ABC 協会のデータによれば、集計対象の週刊誌・月刊誌計 63 誌の中で、家の光は最も多く 110 万 4973 部であり、2 番目に多かった週刊ポストの 88 万 924 部や、同様の女性向け月刊誌である婦人公論の 33 万 2832 部を大きく上回っている。

　このように農協グループ関連の雑誌として普及していた『家の光』であるが、農協グループはどのようにしてその普及を図っていったのであろうか。次節では、『家の光』の創刊から終戦直後までを概観し、戦後の普及運動の基盤がどのようにして形成されていたかを分析する。

第 3 節　『家の光』の創刊から終戦直後まで

　『家の光』は、1925 年 5 月、産業組合中央会から創刊された。産業組合法発布 25 周年の記念事業として、組合員家庭を対象に「組合員およびその家庭の実生活を基礎として、趣味と実益に富んだもので、家庭においてもおもしろく読みながら、自然に共存同栄の精神が身につく」ことを目的に創刊されたとされる。当初は普及に苦戦したものの、臨時増刊号の発行や、家の光援助者（のちに「普及委員」と改称）の府県郡市への配置など、雑誌の販売戦略を進めた。また、当時は家の光の読者の読書力が弱いとされており、改善目標を「1 家 1 冊万能雑誌」「万人にわかる雑誌」「農村のための雑誌」の三点に置き、「耳で聞いてわかる正しい日本語」で書くことや、振り仮名をつけて漢字と仮名を半分ずつで書くこと、農村居住者を不快にさせる言葉や絵の除外などを徹底した。また、説教調の記事を避け、「苦労人の処世訓、篤農家の苦心談、偉人の出世美談、名僧の法話」、「農家の主婦の生活体験」などの記事を取り入れていった。さらに 1932 年から始まった農村更生運動に付随して始まった産業組合拡充 5 か年計画の一環として 1937 年までに 100 万部にするという目標を掲げ普及に向けて邁進した。普及委員を町村にまで拡大させ、町村普及委員は全国で 3 万 6000 人までになった。『家の光』の読

第 5 章 『家の光』と農協グループ

書会である「家の光会」を組織化し、1933 年には会の数は 1160 余り、会員
数は 19 万に達した。こうした取り組みの結果、1935 年 7 月号の発行部数は
100 万部を超えるまでになった。しかし、1937 年の日中戦争の開始とともに、
用紙の消費規制が始まり、『家の光』でもページ数を減らすようになった。
1940 年 12 月には、情報局による検閲も始まった。さらに出版界を統制する
社団法人日本出版文化協会ができ、『家の光』への用紙割り当ては、日本出
版文化協会と農林省総務局総務課の意見を参考に、情報局が行うこととなっ
た。このように出版事情が厳しくなる中で、家の光では記事活用事業や文化
事業に重点を置くようになった。従前からの取り組みである「家の光会」を
中心とした「家の光読書会」や、「家の光大会」「農村文化指導者講習会」
「家の光実用化講習会」「農村婦人作業服製作指導者講習会」などを進めた
（家の光協会 2006：3-4，16-23）[4]。

　第 1 章で分析したように、1943 年に産業組合は農業会に統合され、産業
組合中央会は中央農業会となった。この際、産業組合中央会内にあった家の
光部は、中央農業会内にそのまま引き継がれた。各種出版物の整理統合が進
む中、『家の光』は存続を許された。用紙の割り当ても減少し、『家の光』の
編集者たちは、雑誌発行の専業体制をとることで、他の市販雑誌との間で用
紙獲得を競争するしかないという結論に達した。結果、社団法人として独立
することとなり、1944 年 5 月に社団法人「全国農業会家の光協会」が創立
された。ただし、発行物の配給は従来どおり農業会の系統を利用することで
農業会と家の光協会とで合意した（家の光協会 2006：23-25，322）。

　このようにして終戦を迎えた後も『家の光』は、戦時中と同じ 16 頁とい
う最低限の紙幅を確保しながら、発行を続けた。しかし、家の光協会は、他
の出版業者からの批判にさらされることになる。新たな出版社の団体である
日本出版協会は、1945 年 10 月に発足し、1946 年 1 月 24 日に総会を開いたが、
その席上で家の光協会は、他の 6 社（講談社、旺文社、主婦之友社、第一公論
社、興和日本社、山陽堂）とともに、戦前・戦中時に軍国主義に協力し、軍と

---

4 ）日本出版文化協会は 1942 年 12 月に解散し、新しい出版統制団体として日本出版会
が設立された（家の光協会 2006：21）。

結託して不当に多くの紙の配給を受け印刷所を独占してきた、戦争犯罪者であるという批判を受け、会議では粛清委員会の設置が決まった。2月23日の評議員会において7社への措置が決定され、家の光協会は『家の光』が一時休刊とされ、「社内の徹底的民主化」を条件に復刊される可能性が残されたが、他の出版社への制裁は厳しく、家の光協会は日本出版協会を脱退し、他の20社とともに1946年4月15日に自由出版協会を結成した。GHQにより1945年10月に設置され、用紙配分をつかさどっていた新聞及出版用紙割当委員会は、1946年5月23日に、講談社、旺文社、家の光協会、主婦之友社の4社について、用紙の割り当ては留保し、民主化がなされた場合には再開することとした。その後6月27日に、割当委員会、日本出版協会、自由出版協会の非公式の接触により、割り当ての復活が取り決められた。これに前後して、家の光協会では6月21日の臨時総会で戦争中の首脳部であった経営および編集の両責任者の更迭を行うなどし、8月号の『家の光』誌上で、戦争中の不明を詫び、役員の交代と、今後の改革の方針を明らかにした。このように粛清委員会側の強硬姿勢が貫徹されなかった背景には、GHQの民間情報教育局（CIE）の情報課長代理・情報課長として占領期に職務にあたったドン・ブラウンが、日本出版協会にも自由出版協会にも、「どちらの側にも公然と加担することを避けようとして」おり、粛清委員会が期待したGHQやCIE側からの支持が得られなかったからだとされる。しかし、このように用紙の割り当ては復活したものの、依然として出版用紙の供給は十分ではなく、部数を減少させたり、2か月分を1つの合併号にして発行したりして、窮状をしのいだ。この結果、発行部数は1947年から1949年まで25万部前後と、戦前・戦中期の最大発行部数の6分の1ほどとなった（家の光協会 2006：26-27；赤澤 2006：1604, 1606, 1609-1610, 1612-1613, 1617, 1621, 1623-1624）。

　戦後になると、全国農業会が全指連になったことに合わせ、協会も社団法人「家の光協会」と名称を変更し、農協グループの進める教育文化活動を補完・支援するという役割を持って、再始動した。1949年春に全指連は農協教育委員会を設置し、『家の光』を組合員教育の資材として活用すべきこと

を明らかにした。こうした「教育運動」と「生活文化運動」の2つが、全指連の主な教育事業であった（家の光協会 2006：5-6，31）。

さらに、農協グループ全体として、戦後は女性組織の形成に力を入れていた。戦前の産業組合にも、産業組合婦人会という女性から構成される組織があったが、市町村レベルの組織化にとどまり、全国レベルでの女性組織は存在しなかった。しかし、戦後になると、第一に農協グループの組織化が進んだこと、第二に女性の社会的地位が向上したこと、の2点などから、農協グループの全指連やその後継組織の全中は、農村女性の組織化を積極的に図っていくこととなる。このような状況で、市町村段階での農協婦人部や、都道府県レベルでの婦人協議会、婦人連盟といった組織が結成されていく（全国農協婦人組織協議会 1972：79-87）。1950年6月には、府県指導連生活文化事業協議会で、農家全主婦農協加入3か年計画が決議された（家の光協会 2006：31）。そして、1951年4月14日に、「全国農協婦人団体連絡協議会」（のちに全国農協婦人組織協議会に改称）として、全国レベルの農協グループの女性組織が結成された（全国農協婦人組織協議会 1972：92-96）。これは、1954年5月の農協青年部の全国組織の結成よりも3年早く（全国農協婦人組織協議会 1972：124-125）、女性の組織化への注力がうかがわれる。こうした運動は農協グループ全体の運動方針にも取り上げられるなどし、時代は下って1961年11月15日の第9回全国農協大会では、「農協の生活面活動の強化が決議され」た（全国農協婦人組織協議会 1972：179）。

本節では、『家の光』がどのような経緯で創刊され、終戦直後までどのような発展を遂げたのかを分析した。『家の光』は戦前期に産業組合の農村への組織化の一手段として創刊された雑誌であった。創刊当初から、また読者層に合わせた平易な編集方針をとったこともあり、農村戦前期には農村に急速に普及した。戦時中も発行部数の伸びを維持したものの、戦時下の物資不足などにより従来のような発行体制をとることは難しくなり、中央農業会から独立して社団法人を結成した。その後、終戦を迎えるが、戦時中の行為をとがめられ日本出版協会から脱退せざるを得なくなるなど、終戦直後は苦境に立たされており、活動を好転させる道筋をみつけることが課題となってい

た。一方で、全指連の教育運動・生活文化運動との連携はあり、活動を発展させる基盤は残していた。また、戦後になって農協グループの女性組織が拡充されるなど、時代背景の変化とともに、農協グループにおける女性のプレゼンスもまた、戦前に比べて上昇する傾向を見せていた。

次節と次々節では、終戦直後の出版状況の停滞を挽回するための方策として、農家の女性や増加する兼業農家を対象とするという、『家の光』の編集方針を分析する。

第4節　編集戦略（1）
―女性教育と家庭内での自立―

多くの国家で20世紀後半に女性解放は進捗を見た。状況は日本でも同様であった。1945年の終戦の頃では、女性が本を読んでいた場合、そのような活動は女性にとって無意味なものであり、怠惰だとみなされていた（家の光協会1976：327）。読書や知識の獲得は、男性のためだけのものだったのである。女性は結婚して家庭に入るべきものとされ、家事が女性の最も重要な仕事であった。書籍はその役には立たないとされた。

農協グループの出版社である家の光協会は、この状況を自覚していた。女性教育が評価されない社会において雑誌を配布するため、農協職員たちはまず、農村家庭の家族に対して女性の読書を正当化していくことから始めた。1940～50年代に家の光婦人部員であった平石寿子は、病気や栄養バランスのことをセールストークに取り入れ、家の光を読むことの実際的な利益を強調したという（家の光協会1976：326-328）。当時、全指連の職員であった飛鳥井満は、状況を同様に評価しており、女性が読書をしていると怠惰だとされたという。しかし、『家の光』は女性が公然と読める唯一の雑誌であったと表現している（家の光協会1976：421-422）。家の光協会は主に女性からなる普及員を組織し、効率的に配布部数を伸ばそうと試みた。

また、前節で述べたように、農協グループ全体としても、農村女性の組織化に力を入れていた。1951年4月の全国農協婦人団体連絡協議会結成の第1回総会の席上では、全会一致で『家の光』の普及を決議し、家の光協会とと

もに農協婦人部も『家の光』の普及に取り組むこととなった（家の光協会2006：31）。このような背景もあって、『家の光』の普及は、農協グループ全体の課題となっていったのである。

　部数を増加させる一方で、編集部は次のプロジェクトに取り組みこととなる。家庭内での女性の金銭的自立である。ここでは、編集部は農家の若い女性に焦点を当てた。背景には、家庭内における女性、とりわけ妻の地位の低さがあった。農家に嫁いだ女性は、実際には「義父母や夫に雇用される無償労働の提供者」とされ、しかも一般的な労働者とは異なり、労働と家庭との境目がないために家庭が職場の延長線上となり、収入も家族に依存しているため、義理の両親や夫によって24時間監視されるような状態に置かれ休息もままならないような農村女性もいたとされる（姉歯2018：29）。当時、多くの農家は三世代から構成されていた。典型的な農家では、長男と結婚した女性は、もともとはその家庭にとってはアウトサイダーだったのであり、家庭によって異なるものの、一般的に彼女の家庭における地位は高くはなかった。このような状況に際し、農協グループの地域指導者は、雑誌の付録として家計簿を配布することを提案する。北海道中央会の副会長であった森正男は、1953年11月の北海道中央会の総会で、家計におけるイニシアティブを握るために、家計簿を『家の光』と合わせて配布することを提案した。会議の承認を得て、彼は家の光協会の幹部と東京で会合を行った。議論ののちに、翌年から実際に配布されることとなった。家計簿作成にあたり、家の光協会は農林省統計局の多田誠と協力し、アドバイスを仰いだ。このプロジェクトを通じて、家の光協会は農協グループの女性活動とのつながりを強めていくこととなる。若い農家女性の中には、家計簿勉強会を組織するものも現れた。愛媛県小松農協では、家計簿の記帳方法を研究する勉強会を開いた。この勉強会は愛媛大学の教授に協力を仰ぎ、分析を依頼した（家の光協会1976：422-425）。この家計簿運動に関しては、かねてより家計簿記帳グループを組織していた農協婦人部も、積極的に付録となった家計簿を利用した（全国農協婦人組織協議会1972：197）。

　現代の観点からは、家庭内における若年の女性の家計管理の役割を強調す

ることは、時代錯誤に聞こえるかもしない。実際に、家庭内における女性の地位上昇に取り組んだ農協職員も、家庭外での女性の自立に関しては、無自覚であったことは否めない。しかし、家庭内においてすら女性が抑圧される立場にあったことを考えると、このような職員の努力は注目に値する。参政権ですら、女性に与えられたのは1945年であり、家庭内における女性の地位を変革することは、女性解放への価値ある第一歩であった。女性の社会進出が1960〜1970年に進み、有権者の半数を占め政治アリーナにおいて不可欠なキーアクターとなることを考えると、雑誌を通じて女性にアピールをすることは、潜在的支持者との結びつきを作る上で、良いスタートだったということができるだろう。

　ここまでで、『家の光』の女性の取り込みの努力について分析した。『家の光』は女性の読者への風当たりが強い時代に、内容を実践的なものにすることで女性の読書を正当化しようとし、また家計簿のつけ方を普及させることで、女性の家庭内での地位を上昇させようと努力した。こうした編集方針は、女性を農協グループに引き付けることに一役買ったと考えられる。

　次節では、『家の光』が複数の版を発行することで、多様な農村居住者を引き付けようとした過程を分析する。

第5節　編集戦略（2）
—地域版・生活版の発行—

　日本は小さな国であるが、その長さは東西・南北ともに約3000キロメートルにも及ぶ。沖縄ではめったに雪は降らないが、冬の北海道では人の身長を優に超えるほどに雪が降り積もる。こうした気候の多様性によって引き起こされる日本農業の多様性を、『家の光』の編集部は雑誌内容に含める必要があった。このために編集部は複数の地域版を発行した。主要な記事は共有しつつ、各地域に特化した異なる情報を含める、ということである。

　各地域に特化した情報を求める声は、読者の側からの要求があった。とりわけ北海道では、読者は雑誌の内容に対して不満を募らせていたという。カキやミカンの栽培方法を紹介されても、北海道では寒すぎてそのような果物

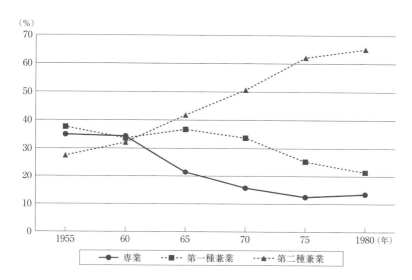

図 5-2 専業農家、第一・第二種兼業農家の割合
出典：暉峻編（2003：187）。

は育たない。このような不満を聞き、編集部は北海道版を発行することを決定し、1952年1月号から開始した（家の光協会1976：448）。のちに複数の地域版が発行され、西日本版は1955年5月号から、九州版は1959年5月号から、東北版は1959年7月号から発行が開始された（家の光協会1976：452-453；家の光協会1986：92, 102）。東海近畿版は果樹・施設園芸や消費生活の改善に特徴的な誌面編成を行ったのに対し、中国四国版では輸送園芸や畜産に焦点を当て、主婦の組織活動を取り上げるなど、各地域の特徴や選好を反映した誌面編成を行った（家の光協会1986：152）。このように、編集部は雑誌の内容に関する多様な要望に応えようとして、各地域に特化した複数の版を発行したのである。

地理的な多様性に加えて、編集部は同一地域内での多様性も考慮しなければならなかった。すなわち、戦後になると、日本の農業構造は急激に変化することになる。最も顕著な変化は、兼業農家の増加であった。図5-2は、

1955年から1980年までの専業農家、第一種兼業農家、第二種兼業農家の3種類の農家の割合の変遷を示したものである。2種類の兼業農家のうち、第一種兼業農家は農業が主となる従事産業であるのに対し、第二種兼業農家は、前述のとおり農業以外の産業が主となる従事産業である。この図から明らかなように、第二種兼業農家は、この25年で大きく割合を増やした。他方、専業農家は1965年以降最小のカテゴリーとなり、70年以降は20%以下となった。1955年頃には、農業の担い手も変化していた。高度経済成長と若い労働力の需要拡大により、多くの農業従事男性は建設労働者として都市部に出稼ぎに行くことになった。当時の農業スタイルは「三ちゃん農業」と呼ばれ、舅、姑と長男の妻が主な担い手となった。

　こうした変化を受けて、『家の光』編集部は雑誌の内容を多様な生活様式に合わせて行く。都市部に比べて、農村部には娯楽がないと言われていた。新篠津農協の参事であった高橋房吉は、農村には娯楽がなく、娯楽のためには組合員に『家の光』を読ませるのが手っ取り早いと評していた（家の光協会1976：448-449）。このような農村—都市間の文化資本の格差を縮小させるべく、『家の光』は大衆路線を進む。編集部は農村居住者が手に入れることが難しいトピックスを雑誌に含め、スポーツ、ソング、スクリーン（映画）の頭文字を取り、「3S」と呼んだ（家の光協会1986：94）。

　また、農業より日常生活を中心とした生活版の発行も1972年4月号から開始し、主に第二種兼業農家を対象とした。創刊号では、生活版全体のうち56頁分が独自記事となり、「宅地化のなかのおつきあい、新しいお隣りさんと呼び鈴」「社会人1年生の服装プラン」「商品知識に強い現代奥さま」「パート奥さんの心得帳、勤め先で守りたい4つのポイント」「おかあさんのための交通安全ノート」といった、都市部ないし開発が進む農村部に住む女性を対象とした記事が並んだ。生活版の発行部数は7万8804部を数え、全体の発行部数の7%ほどを占めた。また、配布地域は、関東5県、東海3県、近畿5県、中国5県、四国3県、九州1県に及んだ（家の光協会2006：42-43）。

　以上のように、農協グループは多様な人々を『家の光』の読者層として取

り込む努力を続けた。第一に、多様な地域性に合わせて、地方版を積極的に発行し、土地土地の気候に合わせた情報を提供するよう試みた。第二に、兼業化・都市化の進行に合わせて、娯楽性の高い記事や、新しいライフスタイルに合った記事を提供することで、地域ごとの文化資本の格差の解消や、ニーズに合った情報を提供するよう試みたのである。

第6節　小括

　本章では、農協グループの組織維持の背景として、その組合員に向けた広報活動を分析した。農協グループは、農村女性や農村に住む非農業者といった、読者の興味を引く広い範囲のトピックをカバーした雑誌を発行することで、社会における女性の参加拡大や、農業構造の変化といった、状況の変化に対応しようと試みた。第1節で分析したように、終戦直後の組合員は農協の必要性を認識し、役員選挙への参加や総会への出席を行うなど、その活動の活発化が見られた。これを踏まえれば、農協グループの、雑誌を発行し女性構成員や多様な農村居住者を引きつけるという試みにより、構成員の忠誠心を獲得するという目的は、ある程度達成されていたのではないかという示唆が得られる。本章では雑誌を読むことによる直接的な効果までは分析できていないが、雑誌の内容や配布方針からは、少なくとも農協グループの公式の立場として、雑誌の発行に加えて女性の組織化を図るなど、女性の家庭内での自立や多様な農業者を取り込むという姿勢を示していたことが明らかとなった。こうした取り組みは、産業としての農業が衰退し、兼業化・機械化によって女性も農業の主要な担い手となっていく時代において重要であり、その組織維持の支えの1つとして貢献したのではないか、ということが考えられる。

　これらの発見から、次のような示唆が得られた。すなわち、戦時遺産は組織発展には重要ではあるものの、その集団が採用する戦略も、組織を維持するのに同様に重要な役割を果たす。そのような状況では、集団の構成員は集団の提供する情報から高い満足感を得て、組織の活動に積極的に参加するよ

うになることが示唆された。また、戦争を戦うために作られた制度が、異なる状況下では大衆参加のためのツールとして機能しうることも示唆され、同じ制度が異なる状況下では異なる働きをすることが示唆されたと言えよう。

【補注】

　なお本書の原稿を入稿する段階（2024年12月末）になって、『家の光』を真正面から扱った社会学の博士論文（小林2016）とそれを基にした論文（小林2017）が先行して発表されていたことを知った。組織維持のための構成員の忠誠心の獲得という観点からこの問題を分析している本書の論旨を大きく変更する必要は感じなかったものの、小林博志氏の博士論文は、一次資料に基づき、本書よりも事実関係やデータを詳細に明らかにしている重要な先行研究であり、ぜひあわせて参照されたい。農協グループの組織戦略の一端として『家の光』をとらえ政治学的な分析を加えたことに、本書はなお一定のオリジナリティを主張できると考えているが、それは同時に、農協グループと『家の光』の間にある差異に重きを置かない本書のアプローチの限界を示しているとも考えられる。小林氏は近年さらに研究を発展させている（小林2018，2020など）。

　また、小林氏の博士論文に触れたことにより、文学研究を専門とする河内聡子氏の、一次資料を駆使した近年の一連の『家の光』研究（河内2008，2009，2011a，2011b，2012など）の存在を知った。本書ではとらえきれなかった「送り手と受け手のズレ」（河内2011b：36）を指摘するなど、本章第3節で扱った、戦後の『家の光』の前提となる戦前・戦時期の基盤を考えるうえで示唆に富む研究である。あわせて参照されたい。

結　論

農協グループの成立と発展から見えるもの

第1節　得られた知見
—制度の継承と維持—

　本書では、敗戦と占領を経験した第二次世界大戦後の日本で、改革の対象
となるべき戦時組織が戦後へと残存した理由を明らかにするため、農協グル
ープを事例として取り上げ、戦時中に形成された制度である農業会が、戦後
の農協グループへと継承された理由を分析した。

　第1章では、戦前からの日本の農業者団体の組織を概観し、戦前・戦時期
と国策のために組織化された農業者組織の制度が、戦後にも継承されたこと
を確認した。戦前期の日本の農業者は、農会と産業組合という、活動目的や
構成母体の大きく異なる2つの大きな農業団体の下、基本的には食糧増産を
目的として組織化されていた。これらの農業団体は、1920年代終わり頃から
その統合が議論され始め、戦時中に農業会に統合され、全ての農業者がその
下に組織されることとなったが、この過程でも戦争遂行のための食糧供出と
いう国策のための組織化がなされた。戦後にはこの戦時中の制度が継承され、
日本の農業者は1つの頂上団体の下に高い組織率で組織化され、その組織体
制が戦後を通じてそのまま維持されたことが確認された。

　第2章と第3章では、戦時遺産である農業会の組織制度が、戦後へと継承
された過程を分析した。第2章では、終戦直後から農協法の成立までと、同
法に基づく農協の設立初期に焦点を当て、戦時遺産である農業会の構造が、
戦後の農協グループにどのように継承されたのかを分析した。韓国やフラン
スの農業団体と比較すると、日本の農協グループは政府からの独自性を相対

193

的に保持しており、本研究のリサーチクエスチョンの重要性が示唆された。GHQ は農業会に対する政府の影響力を問題視しており、自主的な新農業団体を設立しようとする GHQ と農業会の改組でとどめたい日本との意見対立があったが、結果として、各種事業の兼営や、全国・都道府県・市町村の 3 層からなる階統制など、農業会の性質を引き継いだ農協グループが誕生した。その理由として、農業会と日本農民組合の農業復興会議を通じた協調関係とそれによる農業者側の意見の一致が示唆された。この協調関係を基に、食糧危機や左派政権の成立などの条件を利用しつつ、制度の継承に成功した。こうして設立された農協グループは、人的資本において農業会とのつながりを保ちつつ、農地改革によって誕生した小農等のより多様な範囲の農業者を組織化していた。

　次に第 3 章では、どのようにして農協グループが、政府からの改革への圧力から自らの組織を保護したかを、第一次農業団体再編成問題、第二次農業団体再編成問題、農業基本法の成立という、1950 年代から 1960 年代初頭にかけての、三回にわたる農業団体のあり方をめぐる議論において分析した。その結果、農協グループと野党や他の農業団体との関係性が農協グループの組織制度の保持に有利に働いたことが明らかとなった。第一次農業団体再編成問題では、大規模な再編を目指す農業官僚や政権内部の政治家に対し、改進党や社会主義政党、さらに農協グループと人的資本のつながりがあった農民組合から反対が上がり、農協グループを解体する再編案は頓挫した。第二次農業団体再編成問題では、政策責任者である河野一郎農林大臣や農業官僚の試みにもかかわらず、社会党や農民組合からの反対によりまたも再編案は頓挫した。農業基本法の立法に際しても、再び農協・農業構造改革の試みがなされるものの、社会党や農民組合の反対により、新団体の設立を果たすことはできなかった。また、再編をめぐる議論も回を追うごとに勢いを失っていった。

　第 4 章と第 5 章では、継承された制度が維持される過程を分析した。第 4 章では、終戦直後から 1960 年代前半までの米の集荷・供給システムならびに米価決定システムの形成過程を分析し、農協グループが、戦時中の直接統

制の導入や終戦直後の食糧危機や朝鮮戦争などの与件を利用し、政府と農業者の間の中間団体として不可欠な地位を能動的に得ることで、構成員の忠誠心を高めて団結力を増すための仕組みを構築していたと明らかにした。農協グループは、食糧危機への国民の不満を和らげようとする政府の意向をとらえ、他の農業団体と協力し、自らの発言権のある米価審議会の設立につなげた。その後の米の統制撤廃の議論に関しては、朝鮮戦争による食糧供給の不確実性と、他の農業団体との反対運動により、統制維持に成功した。米の集荷方法に関しても、農協グループ側から予約売渡制を提案し、他の農業団体の協力も得て導入を決定させ、米の集荷において代替不可能な重要な地位を占めることに成功した。これにより農協グループは政府との米価交渉において大きな影響力を得ることに成功し、1960年代以降の米価は物価上昇率よりも高い上昇を示した。

　さらに第5章では、農協グループの組合員に向けた広報活動を分析した。農村女性や農村に住む非農業者といった、読者の興味を引く広い範囲のトピックをカバーした雑誌を発行することで、政治における女性の参加拡大や、農業構造の変化といった、状況の変化に対応しようと試みた。また、終戦直後の組合員は農協の必要性を認識し、役員選挙への参加や総会への出席を行うなど、その活動の活発化が見られた。これを踏まえれば、農協グループの、雑誌を発行し女性構成員や多様な農村居住者を引きつけるという試みにより、構成員の忠誠心を獲得するという目的は、ある程度達成されていたのではないかという示唆が得られた。

第2節　理論的貢献と含意
―組織の起源・超党派性・農業者意識の形成―

　本書で得られた知見は、主に3つの理論的貢献を果たす。第一に、農協の組織の起源を明らかにし、戦争の前後における制度の継承とその役割の変化に関する示唆が得られた。まず、戦時動員による組織化のタイミングが重要であった。20世紀半ばの日本は、経済発展の早い段階にあり、多数の農業者が団結するにはまだ難しい時期であったが、そこで農業者の頂上団体となる

組織が強制力を持って制度化されたことにより、その後の発展の基礎が固められた。さらに、戦争遂行のため国家主導で形成されたこの制度は、客観的には戦時制度の残存が難しい中で、農業者による能動的な試みによって、直接的に戦争遂行を目的とした制度であるにもかかわらず戦後へと継承された。こうして継承された制度は、農業者の利益表出という、制度の設計時とは異なる目的のために利用されることとなった。

　第二に、農協グループの党派性に関し、政党・政府との関係性の再検討を通じ、農業会／農協グループの超党派的な政治的立場が果たした、戦時制度の戦後への継承における役割が明らかになった。農業会は農民組合との協調体制を制度化し、組織の残存へとつなげた。農協グループは野党や農民組合との関係性を保つことで、組織改編を未達成に追い込んだ。以上の農政アクター間の利害関係の詳細な分析から、アクター間の意識の離隔を明らかにし、それが戦後農政の構造の形成に影響を与えたことを示した。これまでの日本政治研究が前提としてきた、農協グループ・自民党・農林（農水）省の三者間の、「鉄の三角同盟」や「農政トライアングル」などと評されてきた近接性は必ずしも全ての場面で観察されたわけではなく、農業者の組織制度の発展における決定的分岐点においては、むしろ農業者の超党派性が制度継承に役立っていたことが、本書における分析を通じて明らかになったと言えよう。

　第三に、「農業者」という意識の形成過程への示唆が得られた。本書では団体への忠誠心を高めるための農協の戦略の分析を通じて、集団意識が醸成されていくメカニズムに着目した。高米価の背景には、農協グループの指導者たちによる、新制度を導入するための積極的な行動があった。これにより農業者は米価という可視化された目的を共有し、構成員の忠誠心が高まったと考えられる。農村女性や農村居住者を対象とした情報提供は、「農業者」意識を拡大させようとする試みと解釈できよう。農協グループが、狭い意味での農業従事者だけではなく、農村女性や家族ぐるみ、共同体ぐるみの組織化を目指していたことが明らかとなった。これにより、経済的利益による結びつきのみにとどまらない、社会的な集団として意識を共有するような、下位文化としての要素を含む団体形成が見られた。集団の組織維持のため、社

会的な側面に訴えかけることで、組織構成員の集団への帰属意識を高め、さらにその対象を拡大させる試みの有効性が示唆された。

　以上、これまで述べてきたように、本書では農協グループの党派性とその構成員の忠誠心という2つの要因に着目して、戦時期から戦後への農業者組織の継承と維持を分析した。本節の最後に、本書の分析によって得られるより広い含意を説明する。

　第一に、農協グループは、戦後日本における重要な政治的アクターとされており、戦後初期におけるその起源を分析する本書は、現実の日本政治の理解にも、学術的な理解にも貢献することができる。序論でも述べたとおり、自民党の支持基盤としての農業者の選挙を通じた影響力は分析の対象となってきた。農業者の影響力は選挙だけではなく、農林（農水）官僚へのロビイングによっても支えられていた（George Mulgan 2005）。農業保護は近年においても主要な政治争点の1つであり、例えば、環太平洋経済連携協定（TPP）に反対する政治家や世論も一定程度存在した（Hayes and Kawaguchi 2016）。研究者やジャーナリストによって、日本の農業者は農業発展の遅れや、農業保護主義による財政赤字の原因として批判されてきた（立花 1984：神門 2006：山下 2009：本間 2010）。このように、現実政治においても学問においても重要な位置を占める農協グループの組織力の起源を理解することは、大きな意味があると考えられる。本書では主に1960年代までを分析したが、1970年代以降の産業構造の変化に農協グループがどのように取り組んだのかについても研究する価値があると考えられ、今後の課題としたい。

　また、現代における農協グループをめぐる問題に対する示唆も得られる。2019年の参議院選挙に際して行われた東京大学谷口研究室・朝日新聞社共同政治家調査[1]では、「全農の株式会社化や信用事業の分離など、農協の組織改革をさらに進めるべきだ」との設問に対して、回答のあった立候補者のうち、賛成寄りが約29％、反対寄りが約32％と、賛否が拮抗した（表6-1）。

1）データは以下のウェブページよりダウンロードした。http://www.masaki.j.u-tokyo.ac.jp/utas/utasindex.html
　　有効回答者数は、立候補者では351人、有効回答率は94.9％であった。

表 6-1　農協改革への賛否（全候補者）

	(％)
賛成	14.50
やや賛成	14.20
中立	39.05
やや反対	11.24
反対	21.01
合計	100

注：以下表 6-4 まで、非改選議員と無回答の立候
補者は除いて割合を算出した。

これは公認政党別に賛否をとっても同様の傾向がみられる。主要 6 政党に分
けて回答分布をみると、共産党は反対寄り、日本維新の会（維新）は賛成寄
りの旗幟が鮮明であるものの、自民・立憲民主（立憲）・国民民主（国民）の
各党では賛成寄り・反対寄りどちらにも一定程度の回答の分布が見られ、公
明党では「どちらとも言えない」は 7 割を超えている（表 6-2）。「防衛力強
化」や「原発廃止・保持」などの、政党間、とりわけ自民と立憲の間で意見
が大きく分かれる争点（表 6-3、6-4）に比べると、農協・農業問題は、現代
においても左右間の対立が比較的抑制されている争点であることがうかがえ
る。このように、現代における農協問題をめぐる党派性を分析する上で、戦
後初期の農業者団体の超党派性の存在に着目した本研究は、その基盤となる
知見を提供することができるだろう。
　第二に、日本や他国の農業保護を考える上で示唆を与えることができる。
農業者の組織力による政治活動の結果得られた成果は、日本を世界の中でも
有数の農業保護国へと押し上げた。Sheingate（2001）や Davis（2003）の研
究でも指摘されるように、戦後日本における農業保護は比較的手厚かった。
また、2019 年のデータでは、農業生産者の収入のうち、納税者や消費者から、
政策によって移転された割合、すなわち、農業者の収入に占める政府補助の
大きさを示す指数である、パーセント生産者支持推定量（Producer Support
Estimate, PSE）を見ると、日本は %PSE が 40％を超え、世界でも有数の農

結　論　農協グループの成立と発展から見えるもの

表 6-2　農協改革への賛否（主要 6 政党の候補者）

(%)

公認政党	賛成	やや賛成	中立	やや反対	反対	合計
自民	9.09	15.15	46.97	16.67	12.12	100
立憲	7.32	7.32	56.10	19.51	9.76	100
国民	7.41	37.04	44.44	7.41	3.70	100
公明	0	4.35	78.26	17.39	0	100
共産	0	0	0	7.50	92.50	100
維新	66.67	14.29	14.29	4.76	0	100

表 6-3　防衛力強化への賛否（主要 6 政党の候補者）

(%)

公認政党	賛成	やや賛成	中立	やや反対	反対	合計
自民	34.78	52.17	11.59	1.45	0	100
立憲	0	2.44	24.39	36.59	36.59	100
国民	10.71	10.71	46.43	17.86	14.29	100
公明	0	13.04	82.61	4.35	0	100
共産	0	0	0	5.00	95.00	100
維新	47.62	19.05	33.33	0	0	100

表 6-4　原発廃止・保持（主要 6 政党の候補者）

(%)

公認政党	Aに近い	ややA	中立	ややB	Bに近い	合計
自民	0	7.46	35.82	40.3	16.42	100
立憲	58.54	36.59	4.88	0	0	100
国民	7.41	18.52	59.26	11.11	3.70	100
公明	0	0	73.91	26.09	0	100
共産	100	0	0	0	0	100
維新	9.52	28.57	52.38	9.52	0	100

注：Aは廃止を、Bは保持を指す。

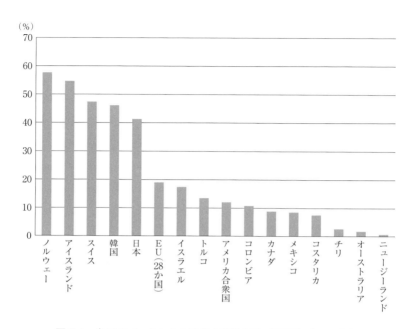

図 6-1　各国のパーセント生産者支持推定量（%PSE）（2019 年）

出典：" Agricultural support estimates (Edition 2020)," OECD Agriculture Statistics (database), https://doi.org/10.1787/466c3b98-en 当時の OECD 加盟国でデータが利用可能な国に限った。PSE の定義は OECD (2008：426) を参照。

業保護が手厚い国家となっていることが読み取れる（図 6-1）。近年も日本の農業・農村をめぐる諸問題は研究者の関心を集めており（Jentzsch 2021; Maclachlan and Shimizu 2022）、本書が明らかにした日本の事例は、農業保護国の典型的な事例として、他の国家の農業者団体のあり方と農業保護との関係性を考える上でも示唆を与えることができよう。

　政治的主張の実現という観点からは、農業者は厳しい状況に置かれることが多い。経済が成長を遂げる前、第一次産業に基盤を置いている時点では、農業者の数は多く、その団結には困難が伴う。他産業に比べ、気象条件などの不確実性を多く伴い、経済的なセーフティネットには頼りにくい。経済が成長し農業者の数が減った後でも、政治的状況は農業者にとって、なお困難

である。経済が成長すれば、第一次産業は製造業やサービス業などの第二次・第三次産業に後れを取り、生産性や国の GDP に占める割合は減少する（ペティ＝クラークの法則）（Clark 1940）。こうした状況を考え合わせると、農業者が政治的主張を実現させるには、多くの国家において高いハードルがあると考えられる。本書により明らかになった、日本の農業者における組織化のタイミング、党派性、構成員の忠誠心といった要因は、他の国家の農業者の政治的影響力を考える上でも重要な示唆を与えるだろう。その一般化可能性についての考察は、今後の課題としたい。

参考文献

日本語

赤澤史朗. 2007.「出版界の戦争責任追及問題と情報課長ドン・ブラウン」『立命館法学』
　　2007(6)：1604-1629.

姉歯暁. 2018.『農家女性の戦後史——日本農業新聞「女の階段」の五十年』こぶし書房.

雨宮昭一. 1997.『戦時戦後体制論』岩波書店.

家の光協会. 1958.『組合員は農協をどう考えているか』家の光協会.

家の光協会. 1976.『家の光 50 年の人と動き』家の光協会.

家の光協会. 1986.『家の光 60 年史』家の光協会.

家の光協会. 2006.『家の光八十年史』家の光協会.

石田雄. 1961.『現代組織論』岩波書店.

石田雄. 1974.「戦後改革と組織および象徴」東京大学社会科学研究所戦後改革研究会編
　　『戦後改革　1　課題と視角』東京大学出版会. 147-231.

大門正克. 1994.『近代日本と農村社会——農民世界の変容と国家』日本経済評論社.

大川裕嗣. 1988.「戦後改革期の日本農民組合——食糧危機・「農業革命」・農業復興」『土
　　地制度史学』31(1): 1-19.

太田原高昭. 2007.「農業協同組合の誕生——組合設立の推進主体」『季刊北海学園大学経
　　済論集』55(1)：13-31.

太田原高昭＝田中学編. 2014.『戦後日本の食料・農業・農村　第 14 巻　農業団体史・農
　　民運動史』農林統計協会.

小倉武一＝打越顕太郎監修. 1961.『農協法の成立過程』協同組合経営研究所.

加藤淳子＝境家史郎＝山本健太郎編. 2014.『政治学の方法』有斐閣アルマ.

蒲島郁夫. 2004.『戦後政治の軌跡——自民党システムの形成と変容』岩波書店.

河相一成. 1987.『食糧政策と食管制度——歴史と現状の全データ』農山漁村文化協会.

河相一成. 1994.『食管制度と経済民主主義』新日本出版社.

河内聡子. 2008.「雑誌『家の光』に見る農村メディアの受容」『リテラシー史研究』1：
　　27-39.

河内聡子. 2009.「雑誌『家の光』の普及過程に見るメディアの地域展開」『日本文学』58
　　(4)：54-64.

河内聡子. 2011a.「『家の光』の誌面改良——梅山一郎の編集態度を中心に」『リテラシー
　　史研究』4：31-46.

河内聡子. 2011b.「制度とメディア——雑誌『家の光』創刊の経緯に見る」『日本文芸論叢』
　　20：27-39.

河内聡子. 2012.「創刊期『家の光』における課題としての〈農村〉」『日本文芸論叢』
　　21：34-47.

川越俊彦. 1993.「食糧管理制度と農協」岡崎哲二＝奥野正寛編『現代日本経済システム

の源流』日本経済新聞社. 245-271.

岸康彦. 1996. 『食と農の戦後史』日本経済新聞出版社.

北出俊昭. 1986. 『食管制度と米価』農林統計協会.

北出俊昭. 2001. 『日本農政の 50 年——食料政策の検証』日本経済評論社.

北出俊昭編. 2004. 『戦後日本の食料・農業・農村　第 3 巻（Ⅲ）　高度経済成長期Ⅲ——基本法農政下の食料・農業問題と農村社会の変貌』農林統計協会.

久保慶明. 2016. 「団体——行政関係の継続と変化：利益代表の後退、議会政治への応答と中立」辻中豊編『政治変動期の圧力団体』有斐閣. 127-158.

久米郁男. 1998. 『日本型労使関係の成功——戦後和解の政治経済学』有斐閣.

久米郁男. 2005. 『労働政治——戦後政治の中の労働組合』中央公論新社.

久米郁男. 2006. 「利益団体の規範と行動」村松岐夫・久米郁男編『日本政治　変動の 30 年——政治家・官僚・団体調査に見る構造変容』東洋経済新報社.

栗原百寿. 1978. 『栗原百寿著作集　Ⅳ　現代日本農業論』校倉書房.

黄楚群. 2016. 「近代日本における農業政策形成過程——食料管理制度の成立過程を中心に」東京外国語大学博士論文.

神門善久. 2006. 『日本の食と農——危機の本質』NTT 出版.

河野一郎. 2007. 「河野一郎」岸信介＝河野一郎＝福田赳夫＝後藤田正晴＝田中角栄＝中曾根康弘『私の履歴書——保守政権の担い手』日本経済新聞出版社.

河野直践. 2014. 「第 7 章　農業団体の再編と農業協同組合の発足」岩本純明編. 『戦後日本の食料・農業・農村　第 2 巻（Ⅱ）　戦後改革・経済復興期Ⅱ』農林統計協会. 77-156.

小林博志. 2016. 「雑誌『家の光』に見る農村女性における自意識の変化——高度経済成長期における兼業化の進展を背景として」東北大学大学院情報科学研究科博士学位論文.

小林博志. 2017. 「雑誌『家の光』にみる嫁の意識変化——高度経済成長期における兼業化の進展を背景として」『社会学研究』99：157-180.

小林博志. 2018. 「雑誌『家の光』に見る農村女性におけるモータリゼーションの展開」『社会学年報』47：57-67.

小林博志. 2020. 「雑誌『家の光』に見る農協生活購買店舗におけるスーパーマーケット化の進展」『社会学年報』49：75-85.

斉藤淳. 2010. 『自民党長期政権の政治経済学——利益誘導政治の自己矛盾』勁草書房.

佐伯尚美. 1987. 『食管制度——変質と再編』東京大学出版会.

桜井誠. 1975. 『米価政策と米価運動』全国農業協同組合中央会.

櫻井誠. 1989. 『米　その政策と運動　中——昭和 20 年～ 43 年』農山漁村文化協会.

佐々田博教. 2018. 『農業保護政策の起源——近代日本の農政 1874 ～ 1945』勁草書房.

佐々田博教. 2025. 『農政トライアングルの誕生——自己組織化する利益誘導構造 1945-1980』千倉書房.

柴田周蔵. 1955. 「予約制におどる米商人」『農業協同組合』1（1）：32-35.

鍾家新. 1998. 『日本型福祉国家の形成と「十五年戦争」』ミネルヴァ書房.

食糧政策研究会. 1987. 『日本の食糧と食管制度』日本経済評論社.

参考文献

全国指導農業協同組合連合会清算事務所. 1959. 『全指連史』全国指導農業協同組合連合会清算事務所.

全国農協婦人組織協議会. 1972. 『全農婦協二十年史——農村婦人と農協婦人部の歩み』全国農協婦人組織協議会.

全国農業会議所. 1960.「巻頭言　農業基本法について」『農政調査時報』68：2-5.

全中三十年史編纂委員会. 1986. 『全中三十年史』全国農業協同組合中央会.

空井護. 2000.「自民党支配体制下の農民政党結成運動」北岡伸一＝御厨貴編『戦争・復興・発展——昭和政治史における権力と構想』東京大学出版会. 259-295.

高岡裕之. 2011. 『総力戦体制と「福祉国家」——戦時期日本の「社会改革」構想』岩波書店.

高梨善一. 1954.「町村合併と農協の対策」『農業協同組合』83: 28-33.

立花隆. 1984. 『農協』朝日新聞社.

辻清明. 1969. 『新版　日本官僚制の研究』東京大学出版会.

辻中豊. 2002.「制度化・組織化・活動体」辻中豊編『現代日本の市民社会・利益団体』木鐸社. 229-254.

辻中豊＝崔宰栄. 2002a.「歴史的形成」辻中豊編『現代日本の市民社会・利益団体』木鐸社. 255-286.

辻中豊＝崔宰栄. 2002b.「組織リソース」辻中豊編『現代日本の市民社会・利益団体』木鐸社. 287-299.

暉峻衆三編. 2003. 『日本の農業 150 年—— 1850 ～ 2000 年』有斐閣.

寺山義雄. 1970. 『戦後歴代農相論』富民協会.

寺山義雄. 1974. 『生きている農政史——対談集』家の光協会.

内閣総理大臣官房審議室・農林省農業協同組合部. 1959. 『農民は農協をこうみている——農業協同組合に関する世論調査（1951 年・1955 年・1958 年)』協同組合経営研究所.

中北浩爾. 1998. 『経済復興と戦後政治——日本社会党 1945-1951 年』東京大学出版会.

中北浩爾＝吉田健二編. 2000a. 『片山・芦田内閣期経済復興運動資料　第 1 巻　経済復興会議（1)』日本経済評論社.

中北浩爾＝吉田健二編. 2000b. 『片山・芦田内閣期経済復興運動資料　第 2 巻　経済復興会議（2)』日本経済評論社.

中北浩爾＝吉田健二編. 2000c. 『片山・芦田内閣期経済復興運動資料　第 3 巻　経済復興会議（3)』日本経済評論社.

中北浩爾＝吉田健二編. 2000d. 『片山・芦田内閣期経済復興運動資料　第 5 巻　産業復興会議（2)・地方別復興会議』日本経済評論社.

中山洋平. 2006.「CAP（共通農業政策）の転換とフランス農業セクターの統治システムの解体——加盟国政府の対応戦略と政党政治」『社会科学研究』57（2)：93-117.

西田美昭編. 1994. 『戦後改革期の農業問題——埼玉県を事例として』日本経済評論社.

西田美昭. 1997. 『近代日本農民運動史研究』東京大学出版会.

農業協同組合制度史編纂委員会. 1967. 『農業協同組合制度史 1』協同組合経営研究所.

農業協同組合制度史編纂委員会. 1968a. 『農業協同組合制度史 2』協同組合経営研究所.

農業協同組合制度史編纂委員会. 1968b. 『農業協同組合制度史 3』協同組合経営研究所.

農業協同組合制度史編纂委員会. 1968c. 『農業協同組合制度史 4（資料編Ⅰ）』協同組合経営研究所.

農業協同組合制度史編纂委員会. 1969a. 『農業協同組合制度史 5（資料編Ⅱ）』協同組合経営研究所.

農業協同組合制度史編纂委員会. 1969b. 『農業協同組合制度史 6（資料編Ⅲ）』協同組合経営研究所.

農業協同組合制度史編纂委員会. 1969c. 『農業協同組合制度史 7（別編）』協同組合経営研究所.

農業協同組合制度史編纂委員会. 1997. 『新・農業協同組合制度史 7（別編）』協同組合経営研究所.

農民教育協会. 1966. 『全国農業会議所等組織沿革調査報告書──農業会議所十年史』農民教育協会.

農林省監修・全国農業会議所. 1961. 『農業基本法──その背景と内容の解説』全国農業会議所.

農林省農政局. 1951. 『農業会史』農林省農政局.（再録：農林省編. 1979. 『農業会史（全）』御茶の水書房）

野口悠紀雄. 2010. 『1940 年体制──さらば戦時経済（増補版）』東洋経済新聞社.

荷見安. 1962. 「荷見安」市川寿海＝鈴木大拙＝荷見安『私の履歴書（第 15 集）』日本経済新聞社. 117-170.

濱本真輔. 2016. 「団体──政党関係の構造変化：希薄化と一党優位の後退」辻中豊編『政治変動期の圧力団体』有斐閣. 101-125.

原田純孝. 2010. 「農業構造・経営政策と農地制度の展開の軌跡──日仏比較の視点から」『土地と農業』40：34-53.

平山勉. 2014. 「戦時経済史研究と産業報国会」『大原社会問題研究所雑誌』664：28-37.

樋渡展洋. 1991. 『戦後日本の市場と政治』東京大学出版会.

福武直. 1976. 『福武直著作集　第 5 巻　日本村落の社会構造』東京大学出版会.

本間正義. 2010. 『現代日本農業の政策過程』慶應義塾大学出版会.

本間正義. 2014. 『農業問題── TPP 後、農政はこう変わる』筑摩書房.

前田健太郎. 2014. 『市民を雇わない国家──日本が公務員の少ない国へと至った道』東京大学出版会.

升味準之輔. 1988. 『日本政治史 4 ──占領改革、自民党支配』東京大学出版会.

松田忍. 2012. 『系統農会と近代日本：1900 ～ 1943 年』勁草書房.

松元威雄. 1955. 「食糧管理制度の現状と昭和三十年産米集荷方式の構想」『農業協同組合』1（1）：18-25.

満川元親. 1972. 『戦後農業団体発展史』明文書房.

宮崎隆次. 1980a. 「大正デモクラシー期の農村と政党（一）──農村諸利益の噴出と政党の対応」『国家学会雑誌』93（7・8）：445-511.

宮崎隆次. 1980b.「大正デモクラシー期の農村と政党（二）」『国家学会雑誌』93（9・10）：693-750.

宮崎隆次. 1980c.「大正デモクラシー期の農村と政党（三・完）」『国家学会雑誌』93（11・12）：855-923.

宮崎隆次. 2000.「五五年体制成立期の都市と農村（二・完）」『千葉大学法学論集』14(4)：163-213.

村松岐夫. 1981.『戦後日本の官僚制』東洋経済新報社.

村松岐夫＝伊藤光利＝辻中豊. 1986.『戦後日本の圧力団体』東洋経済新報社.

山下一仁. 2009.『農協の大罪：「農政トライアングル」が招く日本の食糧不安』宝島社.

若畑省二. 2001a.「権威主義体制下韓国における農業政策と農村社会（一）──朴正熙政権期を中心に」『国家学会雑誌』114（1・2）：44-96.

若畑省二. 2001b.「権威主義体制下韓国における農業政策と農村社会（二）──朴正熙政権期を中心に」『国家学会雑誌』114（11・12）：870-932.

若畑省二. 2003.「権威主義体制下韓国における農業政策と農村社会（三・完）──朴正熙政権期を中心に」『国家学会雑誌』116（5・6）：419-483.

英語

Ang, Yuen Yuen. 2016. *How China Escaped the Poverty Trap*. Ithaca: Cornell University Press.

Baumgartner, Frank R., Jeffrey M. Berry, Marie Hojnacki, Beth L. Leech, and David C.Kimball. 2009. *Lobbying and Policy Change: Who Wins, Who Loses, and Why*. Chicago: University of Chicago Press.

Calder, Kent E. 1988. *Crisis and Compensation: Public Policy and Political Stability in Japan, 1949–1986*. Princeton, N.J.: Princeton University Press.

Clark, Colin. 1940. *The Conditions of Economic Progress*. London: Macmillan and Co. Limited.

Davis, Christina. 2003. *Food Fights over Free Trade: How International Institutions Promote Agricultural Trade Liberalization*. Princeton, N.J.: Princeton University Press.

Downing, Brian M. 2002. "War and the State in Early Modern Europe." In *Democracy, Revolution, and History*, edited by Theda Skocpol, 25-54. Ithaca and London: Cornell University Press.

Ertman, Thomas. 1997. *Birth of the Leviathan: Building States and Regimes in Medieval and Early Modern Europe*. Cambridge: Cambridge University Press.

George, Alexander L., and Andrew Bennett. 2005. *Case Studies and Theory Development in the Social Sciences*. Cambridge, Mass.: MIT Press.（邦訳：アレキサンダー・ジョージ＝アンドリュー・ベネット著，泉川泰博訳. 2013.『社会科学のケース・スタディ──理論形成のための定性的手法』勁草書房）

George Mulgan, Aurelia. 2005. *Japan's Agricultural Policy Regime*. New York: Routledge.

Gerring, John. 2007. *Case Study Research: Principles and Practices*. Cambridge, UK: Cambridge University Press.

Hacker, Jacob S., Paul Pierson, and Kathleen Thelen. 2015. "Drift and Conversion: Hidden Faces of Institutional Change." In *Advances in Comparative-Historical Analysis*, edited by James Mahoney and Kathleen Thelen, 180-208. Cambridge: Cambridge University Press.

Hansen, John Mark. 1991. *Gaining Access: Congress and the Farm Lobby, 1919-1981*. Chicago: University of Chicago Press.

Hayes, Jarrod, and Hirofumi Kawaguchi. 2015. "Economics, Culture, and Electoral Reform: The Case of Japanese Agricultural Trade Negotiations." *The Japanese Political Economy* 41 (3-4): 80-111.

Herbst, Jeffrey. 1990. "War and the State in Africa." *International Security* 14 (4): 117-139.

Hirschman, Albert O. 1970. *Exit, Voice, and Loyalty: Responses to Decline in Firms, Organizations, and States*. Cambridge: Harvard University Press.

Huntington, Samuel P. 1968. *Political Order in Changing Societies*. New Haven: Yale University Press.

Huntington, Samuel P., and Joan M. Nelson. 1976. *No Easy Choice: Political Participation in Developing Countries*. Harvard University Press.

Jentzsch, Hanno. 2021. *Harvesting State Support: Institutional Change and Local Agency in Japanese Agriculture*. Toronto: University of Toronto Press.

Johnson, Chalmers. 1982. *MITI and the Japanese Miracle: The Growth of Industrial Policy, 1925-1975*. Stanford: Stanford University Press.

Johnson, Chalmers. 1999. "The Developmental State: Odyssey of a Concept." In *The Developmental State*, edited by Meredith Woo-Cumings, 32-60. Ithaca and London: Cornell University Press.

Kabashima, Ikuo. 1984. "Supportive Participation with Economic Growth: The Case of Japan." *World Politics*, 36(3): 309-338.

Kage, Rieko. 2010. *Civic Engagement in Postwar Japan: The Revival of a Defeated Society*. New York: Cambridge University Press.

Katznelson, Ira. 2003. "Periodization and Preferences: Reflections on Purposive Action in Comparative Historical Social Science." In *Comparative Historical Analysis in the Social Sciences*, edited by James Mahoney and Dietrich Rueschemeyer, 270-301. Cambridge: Cambridge University Press.

Keeler, John T. S. 1987. *The Politics of Neocorporatism in France: Farmers, the State, and Agricultural Policy-Making in the Fifth Republic*. New York: Oxford University Press.

Kohli, Atul. 1999. "Where Do Hight-Growth Political Economies Come From? The Japanese Lineage of Korea's 'Developmental State.'" In *The Developmental State*, edited by Meredith Woo-Cumings, 93-136. Ithaca and London: Cornell University Press.

Levi, Margaret. 1997. "A Model, a Method, and a Map: Rational Choice in Comparative and Historical Analysis." In *Comparative Politics: Rationality, Culture, and Structure*, edited by Mark I. Lichbach and Alan S. Zuckerman, 19-41. Cambridge: Cambridge University Press.

Lipset, Seymour Martin, and Stein Rokkan. 1967. "Cleavage Structures, Party Systems, and Voter Alignments: An Introduction." In *Party Systems and Voter Alignments: Cross-National Perspectives*, edited by Seymour Martin Lipset and Stein Rokkan, 1-64. Toronto: The Free Press.

Luebbert, Gregory M. 1991. *Liberalism, Fascism, or Social Democracy: Social Classes and the Political Origins of Regimes in Interwar Europe*. New York: Oxford University Press.

Maclachlan, Patricia L., and Kay Shimizu. 2022. *Betting on the Farm: Institutional Change in Japanese Agriculture*. Ithaca: Cornell University Press.

Moe, Terry M. 2005. "Power and Political Institutions." *Perspectives on Politics*. 3 (2): 215-233.

Moore, Barrington. 1968. *Social Origins of Dictatorship and Democracy: Lord and Peasant in the Making of the Modern World*. Boston, MA: Beacon Press.

Moore, Mick. 1984. "Mobilization and Disillusion in Rural Korea: The Saemaul Movement in Retrospect." *Pacific Affairs* 57 (4): 577-598.

Muramatsu, Michio, and Ellis S. Krauss. 1990. "The Dominant Party and Social Coalitions in Japan." In *Uncommon Democracies: The One-Party Dominant Regimes*, edited by T.J. Pempel, 282-305. Ithaca and London: Cornell University Press.

Natural Resources Section, General Headquarters, the Supreme Commander for the Allied Powers. 1946. "NRS Report No. 25: Characteristics of the Japanese Agricultural Cooperative Association." GHQ/SCAP Records, Natural Resources Section.

OECD. 2008. *OECD Glossary of Statistical Terms*. Paris: OECD Publishing.

Olson, Mancur. 1965. *The Logic of Collective Action: Public Goods and the Theory of Groups*. Cambridge: Harvard University Press.

Olson, Mancur. 1982. *The Rise and Decline of Nations: Economic Growth, Stagflation, and Social Rigidities*. New Haven: Yale University Press.

Park, Sooyoung. 2009. "Analysis of Saemaul Undong: A Korean Rural Development Programme in the 1970s." *Asia-Pacific Development Journal* 16 (2): 113-40.

Pempel, T. J., and Keiichi Tsunekawa. 1979. "Corporatism without Labor? The Japanese Anomaly." In *Trends towards Corporatist Intermediation*, edited by Philippe C. Schmitter and Gerhard Lehmbruch, 231-270. SAGE Publications Ltd.（邦訳：T. J. ペンペル＝恒川惠市「労働なきコーポラティズムか──日本の奇妙な姿──」シュミッター／レームブルッフ編，山口定監訳・高橋進＝辻中豊＝坪郷実共訳．1980．『現代コーポラティズムⅠ──団体統合主義の政治とその理論』木鐸社．239-293)

Pierson, Paul. 1993. "When Effect Becomes Cause: Policy Feedback and Political Change." *World Politics* 45 (4): 595-628.

Pierson, Paul. 2004. *Politics in Time: History, Institutions, and Social Analysis.* Princeton: Princeton University Press. (邦訳：ポール・ピアソン著、粕谷祐子監訳・今井真士訳. 2010. 『ポリティクス・イン・タイム――歴史・制度・社会分析』勁草書房)

Pierson, Paul, and Theda Skocpol. 2002. "Historical Institutionalism and Contemporary Political Science." In *The State of the Discipline*, edited by Hellen Milner and Ira Katznelson, 693-721. New York: W. W. Norton.

Rosenbluth, Frances McCall, and Michael F. Thies. 2010. *Japan Transformed: Political Change and Economic Restructuring.* Princeton: Princeton University Press.

Schmitter, Philippe C. 1974. "Still the Century of Corporatism?" *Review of Politics* 36 (1): 85-131. (Reprinted in *Trends towards Corporatist Intermediation*, edited by Philippe C. Schmitter and Gerhard Lehmbruch. SAGE Publications Ltd.)

Sheingate, Adam D. 2001. *The Rise of the Agricultural Welfare State: Institutions and Interest Group Power in the United States, France, and Japan.* Princeton, N.J.: Princeton University Press.

Skocpol, Theda, Marshall Ganz, and Ziad Munson. 2000. "A Nation of Organizers: The Institutional Origins of Civic Voluntarism in the United States." *American Political Science Review* 94 (3): 527-546.

Smith, Kerry. 2001. *A Time of Crisis: Japan, the Great Depression, and Rural Revitalization.* Cambridge, Mass: Harvard University Asia Center.

Thelen, Kathleen. 1999. "Historical Institutionalism in Comparative Politics." *Annual Review of Political Science* 2: 369-404.

Tilly, Charles. 1975. "Reflections on the History of European State-Making." In *The Formation of National States in Western Europe*, edited by Charles Tilly, Princeton:Princeton University Press.

Tilly, Charles. 1985. "War Making and State Making as Organized Crime." in *Bringing the State Back In*, edited by Peter Evans, Dietrich Rueschemeyer, and Theda Skocpol, 169-191. Cambridge: Cambridge University Press.

Tilly, Charles. 1992. *Coercion, Capital, and European States, AD 990–1992.* Oxford: Blackwell.

Wilson, James Q. 1973. *Political Organizations.* New York: Basic Books.

Wright, Gordon. 1964. *Rural Revolution in France: The Peasantry in the Twentieth Century.* Stanford: Stanford University Press.

Yamagishi, Takakazu. 2011. *War and Health Insurance Policy in Japan and the United States: World War II to Postwar Reconstruction.* Baltimore: Johns Hopkins University Press.

あ と が き

　本書は筆者が 2020 年 9 月に東京大学大学院法学政治学研究科に提出した
博士論文「農業協同組合の成立と発展」と、それを基として出版された以下
の論文に、加筆修正を行ったものである。本書への採録を許可して下さった
関係者の方々にお礼申し上げる。

「農業協同組合の成立と発展（1）」2021 年、『国家学会雑誌』第 134 巻第
　　9・10 号、721-764 頁
「農業協同組合の成立と発展（2）」2021 年、『国家学会雑誌』第 134 巻第
　　11・12 号、915-976 頁
「農業協同組合の成立と発展（3）」2022 年、『国家学会雑誌』第 135 巻第
　　1・2 号、144-184 頁
「農業協同組合の成立と発展（4）」2022 年、『国家学会雑誌』第 135 巻第
　　5・6 号、558-608 頁
「農業協同組合の成立と発展（5・完）」2022 年、『国家学会雑誌』第 135 巻
　　第 9・10 号、819-848 頁

　本書の完成にあたってまず感謝申し上げるのは、大学院の指導教員である
谷口将紀先生である。初めて先生の演習を受講した大学 3 年生の夏学期から
博士課程修了まで、根気強く導いて下さった。博士課程修了後も、現在に至
るまで折に触れてお世話になっている。この研究が本書にたどり着いたのも、
先生のおかげである。研究がまだ構想段階だった頃から、私が気づいていな
い面白さを指摘して下さり、スケジュールについても実践的なご助言をいく
つも下さった。また、審査に携わって下さった主査の加藤淳子先生、副査の
境家史郎、平島健司、畑瑞穂の各先生にも感謝申し上げる。

私が大学院への進学を考えはじめたのは、大学1年生の時に受講した御厨貴先生の演習がきっかけである。毎週1冊の書籍を読みペーパーにまとめて議論するという経験は、何かを分析して自分の考えにまとめるという楽しみを私に教えてくれた。また、学位を修めたばかりの教員や研究員として御厨研究室にいらっしゃった先生方は、その後の私のロールモデルとなっていった。こうした場を提供して下さった御厨先生には、その後も節目節目でお世話になっており、感謝申し上げる。

　大学院の修士課程と博士課程では、先生方による多種多様な授業が開講され、時折開催される国内外の研究者をお招きしたワークショップや研究会から、研究上の刺激やヒントを得ることができた。また、机を並べた院生の皆さんとは、年齢・学年や分野に関係なく議論を交わせたことがその後の財産になっている。

　留学先のジョンズホプキンス大学では、Erin Aeran Chung 先生をはじめとする教授陣による刺激的な授業から、自分の視野を広げる経験ができた。政治学科の院生仲間や、同時期に他学科にいらした日本人の方々とは、家族ぐるみのお付き合いをさせて頂いたことも、よい思い出である。

　特任研究員として勤務した東京大学大学院法学政治学研究科附属ビジネスロー・比較法政研究センターでも、多くの方々にお世話になった。とりわけ、長らく助手を務められた和田啓子さんには、学内の事務手続きから東京大学谷口研究室・朝日新聞社共同調査の実施に至るまで、細やかなお心遣いでサポートして頂き、博士論文の書籍化にも応援の言葉を頂いた。厚く御礼申し上げる。

　全所プロジェクト「社会科学のメソドロジー」と、そのサブプロジェクト「Covid-19 と社会科学」の担当の特任研究員としてお世話になった東京大学社会科学研究所では、サーベイ調査に従事しながら、政治学だけではなく、経済学や社会学、法学を専門とする先生方とも研究をご一緒したことで、自分の興味関心を深化させることができた。プロジェクトリーダーの宇野重規先生、副プロジェクトリーダーの加藤晋先生、サブプロジェクトリーダーの田中隆一先生と Kenneth Mori McElwain 先生をはじめとする先生方に感謝

申し上げる。

　北海道大学大学院法学研究科で日本学術振興会特別研究員（PD）として過ごした一年間は貴重な経験であった。受入教員となって下さった前田亮介先生をはじめとする先生方や院生の皆さまは、研究報告の機会や、札幌での生活や就職活動などへの助言も下さるなど、北大での研究生活について心強いサポートをして下さった。

　現在の勤務地である琉球大学人文社会学部国際法政学科で常勤教員としてのキャリアをスタートできたのは僥倖である。とりわけ、政治・国際関係学プログラムの同僚の皆さまには、素晴らしい研究環境を提供して頂き、感謝申し上げる。学生の皆さんには、むしろ私の方が様々なことを教えられている。

　本研究はJSPS科研費JP11J10413, JP19K13587、2016年度サントリー文化財団「若手研究者のためのチャレンジ研究助成」、2019年度日本科学協会「笹川科学研究助成」の助成を受けたものである。また、本書の内容は、日本政治学会、University of Tokyo Center for Contemporary Japanese Studies、行政共同研究会、若手政治学者フォーラム、社会科学研究所若手研究者の会などの学会・研究会で報告する機会を得た。運営にあたっていらっしゃる方々や、フィードバックを下さった方々に感謝申し上げる。『家の光』に関する質問に答えて下さった家の光協会の担当者の方にも感謝申し上げる。本書の出版にあたって、2024年度東京大学学術成果刊行助成制度の助成を受けた。匿名の2名の査読者の有意義なコメントに感謝する。

　編集をお引き受け下さった吉田書店の吉田真也さんは、草稿を丁寧に読んで下さり、多くの有益なアドバイスを下さった。単著書籍の出版という初めての作業には困難も多かったが、吉田さんは適切なスケジューリングで本書を完成まで導いて下さった。

　最後に、家族に感謝したい。大学・大学院への進学を応援してくれた両親。家庭の事情で進学はできなかったものの学ぶ心を持ち続け、共働きの両親が不在の間の私の面倒を見てくれた母方の祖母。出稼ぎで家計を支えてくれた母方の祖父。遊びに行くといつでも温かく迎えてくれた父方の祖父母。本書

の完成までの道筋を振り返るにあたって、周りの方々の支えのありがたさを
改めて感じている。

　2025 年 1 月

川口　航史

事項索引

【あ行】

圧力団体　13, 37, 50, 57, 58
『家の光』　175, 180-188, 190, 192
家の光協会　19, 168, 176-181, 183-187, 189, 190
遺産　3, 6, 7, 25, 53, 78, 91, 144, 191, 193
逸脱事例　21
右派社会党　94, 98, 101, 105, 106, 113, 114
営農（指導）　27, 29, 52, 96, 97, 101, 102, 105, 107, 109, 111, 117, 161
大蔵省　31, 73, 74, 100, 126, 149, 161, 162, 165
大蔵大臣　30, 149, 150, 161, 164

【か行】

階級　3, 14, 19, 20, 33, 36, 79, 88, 114
下位文化　→　サブカルチャー
改進党　94, 98-105, 139, 194
過程追跡　20, 21
韓国　13, 17, 24, 61-65, 91, 193, 200
間接統制　143, 150, 154, 156, 159, 165, 170
逆コース　94, 95
共産党　→　日本共産党
供出割当制　154, 157, 159, 163, 166
経済的利益　9, 15, 18, 19, 175, 196
『経済復興』　82, 83, 85
経済復興会議　53, 80, 82-86
（制度または組織の）継承　2-4, 6-8, 10, 15-17, 20, 21, 22, 23, 27, 40, 50-53, 58, 59, 61, 64, 66, 75, 76, 78, 82, 89, 91-93, 117, 193-197
経路依存（性）　3, 8
決定的分岐点　8, 9, 196
兼業農家　119, 186, 189, 190
　第一種――　189, 190

　第二種――　118, 189
憲政会　34
河野構想　153, 169, 170
購買（事業）　28-30, 38, 42, 47, 51, 52, 75, 152, 167, 176
コーポラティズム　11, 55-57, 64, 65
　労働なき――　11, 57
国民協同党　99
小作（農）　28, 29, 33-38, 48, 62, 65, 70, 77, 79, 84, 90, 95, 106, 144
小作争議　35, 36
『こどもの光』　180, 181

【さ行】

再編成の三原則　97
左派社会党　94, 98, 101, 104-106, 113, 114
サブカルチャー（下位文化）　19, 196
産業組合　7, 23, 27-30, 32, 33, 37-39, 41-44, 48-51, 57, 58, 66, 68, 90, 95, 97, 180, 182, 183, 185, 193
　――中央会　28-30, 32, 41, 43, 44, 97, 182, 183
　――中央金庫　28, 30, 41, 43, 44, 49
　――法　5, 29, 48, 182
産業復興会議　85, 86
産業報国会　53
自作（農）　4, 6, 28, 29, 36, 38, 62-65, 77, 79, 90, 95, 144
支持参加モデル　12, 13
事前売渡申込制　→　予約売渡制
指導事業　46, 52, 96, 110, 111
地主　14, 20, 27, 28, 30, 33-38, 48, 62-64, 69, 77, 79, 88, 90, 95, 114, 137, 144, 146
社会党　→　日本社会党
集合行為問題　50

215

重大局面　8, 9
自由党　98-100, 102-104, 108, 112, 149, 154, 159
自由民主党（自民党）　11-14, 16, 17, 112, 113, 115-117, 119-121, 123, 126-129, 132, 135, 136, 138, 168, 169, 171, 196-199
准組合員　53, 54, 58, 59, 71, 73
消費者物価指数　171, 172
消費者米価　143
情報　18, 23, 25, 31, 77, 188, 191, 196
食糧管理制度（食管制度）　57, 141, 153, 154, 157, 166, 170, 172
食糧管理法　143, 145, 150, 161
食糧対策協議会　153-155, 157-160
食糧庁　157, 159, 161, 162, 164
食管制度対策委員会　164, 166
新農村建設計画　115
新農山漁村建設総合対策　119
信用（事業）　15, 28-30, 38, 47, 52, 67, 73, 74, 112, 197
生活版　190
正組合員　53-55, 58, 59, 71, 176
生産者支持推定量　198, 200
生産者米価　63, 143, 168, 171, 172
政治参加　11-13, 25
政治的企業家　50
制度
　　──（の）維持　8-10, 14, 21, 27, 51, 91, 141, 194
　　──化　8, 31, 57, 154, 160, 196
　　──（の）転用　9, 10
政友会　34
セマウル運動　62, 63
1940年体制　4
専業農家　189, 190
選挙制度　13
戦時制度　6, 7, 17, 21, 196
戦時組織　6, 10, 21, 22, 23, 48, 53, 59, 66, 82, 193

全国購買販売組合連合会（全購販連）　28, 30, 44, 48
全国指導農業協同組合連合会（全指連）　96-98, 105, 109, 147, 153, 156, 158, 184-186
全国青年農業者センター（Centre National des Jeunes Agriculteurs, CNJA）　64, 65
全国農業委員会協議会　96, 100, 159
全国農業経営者組合連合（Fédération Natio-nale des Syndicats d'Exploitants Agri-coles, FNSEA）　64, 65
全国農業協同組合中央会（全中）　52, 93, 98, 105, 107, 108, 112, 118, 120, 133-136, 156, 160, 161, 163-166, 168, 169, 185,
全国農業協同組合連合会（全農）　52, 93, 94, 197
全国農業会議所　97, 100, 104, 107-109, 112, 116, 118-121, 124, 127-133, 138, 139, 163, 165, 167
全国農協婦人団体連絡協議会　185, 186
全国農山漁村振興協議会　119-121
全国農民組合（全農）　84, 87, 88, 114, 138, 147, 151
全国販売農業協同組合連合会（全販連）　96, 147, 154, 157, 158, 161-164, 167, 168
戦時動員　2, 3, 7, 8, 21, 23, 24, 39, 49, 50, 53, 195
戦前戦後連続論　3-5
戦争（の）遂行　1, 2, 7, 10, 40, 42, 45, 59, 179, 180, 193, 196
選択的拡大　124, 125, 135
選択的誘因　7
全日本産業別労働組合会議（産別会議）　53, 56, 85, 86
全日本農民組合（全日農）　89, 137, 138
組織（の）維持　9, 10, 17, 18, 21-25, 27, 51-53, 57-59, 61, 97, 140, 141, 152, 172, 180, 181, 191-193, 196, 197
組織化　15-17, 20-23, 27, 33-40, 45, 47-53, 57-59, 61-63, 92-94, 101, 115, 118, 175,

事項索引

183, 185, 186, 191, 193‐196, 201
組織制度　7, 8, 10, 23, 51, 52, 58, 82, 180, 193, 194, 196

【た行】

第一次農業団体再編成問題、第二次農業団体再編成問題　→　農業団体再編成問題
第一種兼業農家、第二種兼業農家　→　兼業農家
大日本農会　30
『地上』　180, 181
地方版　191
中央農業会　46‐49, 85, 183, 185
中央農業会議　85, 89, 159, 165, 167, 168
忠誠（心）　17, 18, 20‐22, 24, 25, 52, 58, 141, 175, 191, 192, 195‐197, 201
頂上団体　23, 27, 37, 50, 51, 56, 59, 193, 195
朝鮮戦争　24, 141, 148, 149, 152, 153, 173, 195
超党派　10, 13, 15‐17, 21, 22, 24, 83, 84, 87, 89, 92, 148, 152, 165, 167, 173, 196, 198
直接統制　141, 143, 144, 148, 150, 152, 154, 156‐159, 161, 165, 170, 173, 194
帝国農会　28, 32, 33, 41‐44, 47, 110
鉄の三角同盟　5, 17, 196
天然資源局　66‐73, 77
土地整備農事建設会社（SAFER）　65

【な行】

内務省　43, 44, 46, 47, 51, 57, 94
西ドイツ農業法　119
日本共産党（共産党）　53, 79, 87, 88, 113, 114, 138, 198
日本社会党（社会党）　14, 15, 17, 23, 24, 53, 56, 76, 77, 79, 80, 84, 87, 88, 94, 113, 114, 116, 121, 127, 128, 136‐140, 194
日本自由党（自由党）（1945 〜 48 年）　79, 89
日本自由党（1953 〜 54 年）　100
日本農民組合（日農）　34‐37, 78‐82, 84‐89, 91, 113, 114, 146, 147, 150, 194

日本民主党（民主党）（1954 〜 55 年）　108, 112, 159, 163
日本労働組合総同盟（総同盟）　53, 56, 85, 114, 147
農会　7, 22, 23, 27, 28, 30‐38, 40‐44, 47, 48, 50, 51, 58, 66, 68, 95‐97, 193
農会法　30‐33, 35, 40
農業委員会　94‐112, 115‐119, 128‐133, 138, 139, 140
農業会　7, 10, 15, 16, 23, 24, 46‐49, 51, 52, 58, 59, 61, 66‐71, 74‐78, 80‐84, 86‐93, 183, 193, 194, 196,
　全国——　75, 78, 80‐82, 84, 87, 89, 184
農業基本法　94, 117, 119‐121, 123‐140, 159, 194
農業協同組合法（農協法）　7, 66, 69, 70, 73‐77, 80, 89, 91, 98, 100, 101, 103‐105, 124, 128, 193
農業団体再編成問題　15, 63, 159, 165
　第一次——　94, 98, 102, 105, 107‐109, 113, 139, 140, 193, 194
　第二次——　94, 113, 114, 118, 128, 139, 140, 194
農業団体法　7, 46‐49, 68, 75, 81
　——研究会　96
農業復興会議　61, 78, 80‐85, 87‐89, 91, 150, 151, 158, 194
農事会法案　96, 97
農商務省　156, 157
農政活動　27, 28, 32, 33, 47, 51, 52, 96, 97, 107, 109, 111, 139
農政トライアングル　5, 196
農村経済更生運動　37‐39, 51
農村更生協会　41, 43, 96
農村法制研究会　119
農地委員会　95
農地改革　6, 20, 28, 62‐64, 69, 70, 77‐82, 84, 90, 92, 95, 96, 133, 144, 194
農地法　124, 128

217

農民会　112-114

農林漁業基本問題調査会　121, 125, 128, 133

農林省　29, 41, 43, 44, 46, 47, 51, 69-77, 80, 87, 97-99, 106, 111, 115, 119, 121, 123, 125, 126, 128, 131, 132, 134, 138, 149, 156, 161, 162, 169, 170, 177,

農林中央金庫（農林中金）　47, 49, 52, 74, 82, 96, 112, 151, 158, 161, 168

【は行】

販売事業　30, 38, 41, 75, 151, 152, 166

平野私案　112, 113

婦人部　19, 185-187

物質的誘因　18, 19

フランス　24, 61, 64, 65, 91, 193

分党派自由党　98-100

米価審議会　141, 147, 148, 152, 163, 164, 168, 171, 173, 195

米穀法　142, 143

米穀統制法　142

【ま行】

民主社会党〔民社党〕　127

民主自由党　95

民主党（1954〜55年）　→　日本民主党

民主党（1998年〜2016年）　13

民政党　34

目的的誘因　18, 19

【や行】

誘因　18, 19, 50

予約売渡制（事前売渡申込制）　108, 142, 152-170, 173, 195

【ら行】

利益団体　7, 10, 11, 13, 16, 18, 19, 22, 33, 141

歴史的制度論　8, 9

連合国軍最高司令官総司令部（GHQ）　2, 5-7, 21, 23, 24, 61, 66, 69-77, 80, 81, 87, 90, 91, 94, 95, 144, 145, 148, 150, 184, 194

【A〜Z】

American Farm Bureau Federation（アメリカ農業者連盟、AFBF）　18

GHQ　→　連合国軍最高司令官総司令部

人名索引

【あ行】

有馬頼寧　42
石黒忠篤　43, 81, 96, 108, 159
池田勇人　149, 150
池田斉　100, 112
石井英之助　96, 154, 156-158, 163, 167
石田雄　7, 57, 58
一楽照雄　136
大門正克　29, 31, 35, 36, 38, 39
大川裕嗣　78-80
小倉武一　69-74, 81, 115, 122

【か行】

鹿毛利枝子　3, 6, 40
片山哲　80, 82-84, 88, 89
金子与重郎　98-104
蒲島郁夫　11-13
岸康彦　147, 149, 150, 170
北出俊昭　22, 142-146, 149, 150, 153
栗原百寿　82, 90, 153
黒田寿男　82, 88, 114
神門善久　52, 57, 66, 175, 197
河野一郎　41, 94, 100, 106-108, 110-112,
　　115-118, 140, 159, 165, 166, 169, 194
河野謙三　104
小枝一雄　100

【さ行】

桜井（櫻井）誠　144-148
佐々田博教　5, 6, 29-32
重政誠之　41, 169, 170
品川弥次郎　29
シュミッター　→　Schmitter, Philippe C.
千石興太郎　42

空井護　16, 17

【た行】

田中啓一　120, 121
辻清明　3, 4, 6
恒川恵市　11, 55, 57
寺山義雄　100, 106, 107, 112
東畑精一　82, 85, 96, 122, 147
ドッジ　150, 152

【な行】

中北浩爾　79, 82-87
中山洋平　65
西田美昭　87, 88, 98, 99, 147
野口悠紀雄　4-6

【は行】

荷見安　96, 97, 135, 153, 155, 156, 158, 160,
　　163, 167
ピアソン　→　Pierson, Paul
東浦庄治　41, 82, 84
樋渡展洋　14-16, 19
平田東助　29, 32
平野三郎　99, 112
平野力三　35, 76, 84, 86, 88
福武直　88
本間正義　57, 197

【ま行】

マッカーサー　2, 6
松田忍　31, 33, 40-42, 47
満川元親　48, 88, 89, 96-99, 105, 107, 108,
　　112-116, 119, 130
宮崎隆次　17, 31-37
村松岐夫　4, 13

【や行】

山岸敬和　2, 6
山県有朋　31, 32
吉田茂　53, 79, 80, 82, 87, 95, 98

【わ行】

若畑省二　62-64, 66

【A～Z】

Davis, Christina　11, 198
Downing, Brian M.　1
Ertman, Thomas　1
Gerring, John　21
Hacker, Jacob S.　9, 10
Herbst, Jeffrey　2
Hirschman, Albert O.　17
Huntington, Samuel P.　11, 12

Keeler, John T. S.　64
Levi, Margaret　8
Luebbert, Gregory M.　14, 19
Moore, Barrington　1, 14, 19
Nelson, Joan M.　12
Olson, Mancur　7, 18, 50
Pempel, T. J.　11, 55, 57
Pierson, Paul　8-10
Rosenbluth, Frances McCall　11
Schmitter, Philippe C.　55, 56
Sheingate, Adam D.　11, 198
Skocpol, Theda　2, 8
Smith, Kerry　39, 40
Thelen, Kathleen　9, 10
Thies, Michael　11
Tilly, Charles　1, 2
Wilson, James Q.　18, 19

著者紹介

川口 航史（かわぐち・ひろふみ）

琉球大学人文社会学部准教授
2020 年、東京大学大学院法学政治学研究科博士課程修了。博士（法学）
専門：政治過程論・日本政治

主要業績：「『失われた二〇年』の日本政治研究——困難と希望」前田亮
介編『戦後日本の学知と想像力——〈政治学を読み破った〉先に』（吉
田書店、2022 年）、"Geographic Divides in Protectionism: The Social
Context Approach with Evidence from Japan"（共著、*Review of Inter-
national Political Economy*, 31 巻 2 号、2024 年）

戦後日本農政と農業者
組織・動員・忠誠

2025 年 3 月 18 日　初版第 1 刷発行

著　　者　　川　口　航　史

発　行　者　　吉　田　真　也

発　行　所　　合同会社 吉 田 書 店
102-0072　東京都千代田区飯田橋 2-9-6 東西館ビル本館 32
TEL：03-6272-9172　FAX：03-6272-9173
http://www.yoshidapublishing.com/

装幀　野田和浩　　　　　　　　　印刷・製本　藤原印刷株式会社
DTP　閏月社
定価はカバーに表示してあります。
©KAWAGUCHI Hirofumi, 2025

ISBN978-4-910590-25-7

―――――― 吉田書店刊 ――――――

帝国日本の政党政治構造――二大政党の統合構想と〈護憲三派体制〉

十河和貴 著

明治憲法体制と政党内閣制はいかなる構造をもって結びつき、それがなぜ限界を迎えたのか――権力統合の視座から、その実像に迫る。　　　　　　　　4800 円

政務調査会と日本の政党政治――130 年の軌跡

奥健太郎・清水唯一朗・濱本真輔 編

政調会は、なぜこれほど発達したのか？　政治学と歴史学を融合し、政調会の本質に迫る！　気鋭の研究者が、明治から平成までの政調会史を振り返る 11 論文。執筆＝奥健太郎・清水唯一朗・濱本真輔・末木孝典・手塚雄太・岡﨑加奈子・小宮京・笹部真理子・石間英雄　　　　　　　　　　　　　　　　　　　　　4500 円

官邸主導と自民党政治――小泉政権の史的検証

奥健太郎・黒澤良 編

小泉政権誕生 20 年。政治学、行政学、経済学の視点から、歴史の対象として小泉政権を分析する。執筆＝奥健太郎・黒澤良・河野康子・小宮京・出雲明子・李柱卿・岡﨑加奈子・布田功治・塚原浩太郎・笹部真理子・武田知己・岡野裕元　　4500 円

岡義達著作集

永森誠一 編

名著『政治』のほか、単著論文や書評を収録した決定版。"岡政治学"とは何であったか――「政治はどのように概念規定されようとも、常にその規定を欺く」3800 円

戦後をつくる――追憶から希望への透視図

御厨貴 著

私たちはどんな時代を歩んできたのか。戦後 70 年を振り返ることで見えてくる日本の姿。政治史学の泰斗による統治論、田中角栄論、国土計画論、勲章論、軽井沢論、第二保守党論……。　　　　　　　　　　　　　　　　　　　　3200 円

明治史論集――書くことと読むこと

御厨貴 著

「大久保没後体制」単行本未収録作品群で、御厨政治史学の原型を探る一冊。巻末には、「解題――明治史の未発の可能性」（前田亮介）を掲載。　　　4200 円

定価は表示価格に消費税が加算されます。
2025 年 3 月現在